Life Is Short

An Appropriately Brief Guide to Making It More Meaningful

人 生 短 暂
活 出 意 义

[英]迪恩·里克尔斯（Dean Rickles）/ 著

王 春 / 译

华夏出版社

HUAXIA PUBLISHING HOUSE

北京市版权局著作权合同登记号：图字 01-2023-1998 号

图书在版编目（CIP）数据

人生短暂 活出意义 ／（英）迪恩·里克尔斯（Dean Rickles）著；王春译． -- 北京：华夏出版社有限公司，2025． -- ISBN 978-7-5222-0837-4

Ⅰ．B821-49

中国国家版本馆 CIP 数据核字第 2024SU7828 号

人生短暂 活出意义

作　　者	[英]迪恩·里克尔斯	
译　　者	王　春	
责任编辑	龚　雪	
责任印制	周　然	

出版发行 华夏出版社有限公司
经　　销 新华书店
印　　装 三河市少明印务有限公司
版　　次 2025 年 1 月北京第 1 版
　　　　　2025 年 1 月北京第 1 次印刷
开　　本 880mm×1230mm　1/32 开
印　　张 6.25
字　　数 100 千字
定　　价 49.00 元

华夏出版社有限公司　　地址：北京市东直门外香河园北里 4 号　邮编：100028
网址：www.hxph.com.cn　　电话：（010）64618981
若发现本版图书有印装质量问题，请与我社营销中心联系调换。

献给拉·贝尔金克

"好吧。"女巫说，"我知道你生命中将要发生的一切。"然后她注意到，在同龄小狗中，杜明尼克非常聪明伶俐，就给它提供了一些信息。"给你说了这么多，我希望你别介意。"她说，"右边那条路不通。这条路没有任何魔法，没有冒险，没有惊喜，没有什么可供探索或让人惊奇的东西。就连风景都很枯燥无味。你很快就会开始反思自我。你开始做白日梦，摇尾巴，变得心不在焉，惬懒堕懒，忘记自己身处何处，在做何事，整天昏昏欲睡，百无聊赖。接着，过不了多久，你就会走进死胡同，然后再原路折返，回到我们现在所处的地方，只不过那不是现在，而是在浪费掉一段可悲的时间以后。"

——威廉·斯泰格^①《帅狗杜明尼克》^②

---

① 威廉·斯泰格（William Steig），著名画家、作家。出生于纽约，成长于纽约市布朗克斯。主要著作有《帅狗杜明尼克》《会说话的骨头》《那时候，大家都戴帽子》《真正的贼》等。

② 威廉·斯泰格：《帅狗杜明尼克》（Dominic），纽约：美国精英出版社，1972年，第14页。

目录
Contents

人 生 短 暂
活 出 意 义

节卦。个人有节度才能完美：人若不懂得节制，就会放纵、任性，失去分寸。

——《易经》第六十卦 [1]

《易经》有云："无极生太极。"本书构思于新冠疫情之前，在新冠疫情暴发期间完成写作。当然，在此期间我们各方面都受到限制。我写出这句话时，整个州正处于封控期，我就像一个囚犯，每天只能在外面散步一小时，买点必需品。

对许多人来说，新冠疫情暴发为忙碌的日常生活提供了难得的喘息机会。仿佛世界本身正在经历一场中年危机。为了保持理智，我们不得不放弃原有的秩序，创造新的秩序。有些人应对变化的能力比其他人更好，有些人的生活几乎没有发生变化，还有些人的生活则发生了翻天覆地的变化。有些人意识到，他们并不喜欢以前那种只工作不娱乐的生活，因而不愿再恢复过往的模式。有些人则因新冠的死亡率而感到恐惧，甚至采取有效措施将自己隔离起来，以避开生活带来的风险。在所有情形下，限制和机会、限制和自由之间都存在相互作用。我们认为限制（尤其是死亡）会破坏自由，因为限制使机会消失。而本书的观点与此相反。很矛盾的是，限制孕育自由。

我认为《易经》里这段话的意思是，如果没有约束、没有限制、没有边界或围墙——如果生活可以像电脑游戏那样"重置"，倒回某个自动保存的进度——那行为将失去意义，不需要承担后果。没有规则和结果的游戏多么无聊！生活这个游戏必须有边界才合适。我们似乎会因为缺乏无限的可能性（如人生短暂）而举步维艰。但一个无限的生命也会在其他方面感到进退维谷：它压根没办法像我们一样感受存在的意义。它的存在就像没有规则的游戏一样无所支持、无所反对。

自由人意味着福祸自担。生命有限，人必须做出选择和决定。这意味着要有所取舍：及早疏枝抹芽，主动剪除枝条让其逝去，或摘落枝芽剥夺它们的成长机会。但是，一个人正因为具备这种疏枝抹芽的能力，才能获得有意义的人生。拥有美好而有意义的人生，就是拥有一种有意识的、真实的生活，在这种人生中，行为与目标一致，任何修剪行为都有目的，而非随机剪断，也不是让别人越俎代庖。要获得有意义的人生，死亡是必要的：被丢弃枝条的死亡（为追求目标而放弃的可能性）和自我的最终死亡。

死亡是最必要的限制，没有死亡，万物的价值都会减少。死亡是意义的源泉，因为它是选择的源泉，是必须做出决定的源泉。无限的时间意味着所有可能的结果都可以在某个时刻发生，因此选择甚至都不会成为一个连贯的概念——它只会消融在无限的时间里。（有趣的是，量子力学所谓的"多世界"解释的批评者也提出过类似的问题，粗略地说，每一个"选择"实际上都涉及其产生的可能结果，而你只是存在于许多选择产生的相应"分支"中的一个。如果所有的世界，涵盖了所有选择产生的结果，事情就会变得必然发生，那可能性的概念似乎将失去意义。）因而死亡和人生短暂顺理成章地占据本书大部分的篇幅。事实上，本书重新评价了塞涅卡在经典著作《论生命之短暂》[2]中提出的主题。我们的确发现，塞涅卡提出的许多忧虑依然存在，并将其融入本书的主题中。

一开始，我们就毫不隐讳地探究死亡，阐述塞涅卡的观点，驳斥伊壁鸠鲁派关于死亡与我们无关的陈旧立场。我们接着探讨长生不老、不存在死亡界限的观点，并着重从生命存在意义的角度探讨这一观点的含义。我们还从集体重生（如果有的话）以及自己死后他人继续存在所起的作用的角度考虑这个问题。我将塞涅卡的其他思想与"时间之困"概念结合起来，"时间之困"与我们做出关于未来问题的糟糕决策有关（通常我们的行为似乎意味着我们会永生）。我提出理解这种行为的方法，并思考解决这种困惑的方法，即把未来想象成一座雕塑，将自己的意志强加于其上。然而，这种想法面临的问题是，需要在两种对立的态度（每一种态度都跟时间有关：关注现在和关注未来，或者说是少年和老人[3]）之间取得平衡。这给潜在的雕塑家带来麻烦，迫使雕刻过程以意想不到、棘手的方式展现出来。进一步推进这个框架，探究我提出的"防弹生活"，即试图将自己的雕塑雕刻得过于完美无瑕和无懈可击。最后，将所有这些线索结合起来，展示出它们如何汇聚到"有意义的生活"这一概念，同时这本以出生和死亡来结束的书，也具备相对简短这个基本要素。

正如书名所言，这是一本篇幅很短的书，因为时间宝贵——我并不反对洋洋洒洒，但担心你愤愤不平。虽然有些书需要长篇大论，但像这种主题的书肯定不适合在你短暂的人生中占据太多时间。我希望你能利用这段短暂的时间投资改善、丰富自己的生活，度过更有意义的人生。我希望这本书能激发你对生死大事深刻、严肃、不同寻常的思考。

注 释

［1］《易经》第六十卦"节卦"，引自达里尔·夏普（Daryl Sharp）《荣格心理学——不插电讲堂》（*Jungian Psychology Unplugged*），多伦多：内城图书出版社，1998 年，第 108 页。

译者注：达里尔·夏普，资深荣格分析师、作家，著有多本荣格心理学专业书籍。20 世纪 80 年代，他在加拿大多伦多创立内城图书出版社，致力推广荣格心理学理解、应用和研究有关的著作。内城图书出版社是全球唯一一家荣格心理学专业出版社。

［2］ 见詹姆斯·罗姆（James Romm）对塞涅卡《论生

命之短暂》的新译本，收录于《如何度过一生——善用时间
的古老指南》（*How to Have a Life: Ancient Guide to Using Our
Time Well*），新泽西州普林斯顿市：普林斯顿大学出版社，
2022 年。

译者注：詹姆斯·罗姆，原名小詹姆斯·H. 奥特维
（James H. Ottaway Jr.），出版了众多关于古代世界的著作，
主要著作有《哲人与权臣》《古代思想中的地球边缘》《希罗
多德》等。塞涅卡（也译作塞内加，本书统译为塞涅卡），古
希腊四大哲学学派之一——斯多葛学派代表哲学家、悲剧作
家、雄辩家。曾任帝国会计官、元老院元老，后又任掌管司
法事务的执政官和尼禄的老师。主要著作有《论生命之短暂》
《论幸福生活》《论灵魂之安宁》等。

［3］ 少年和老人（Puer versus *Senex*），在荣格心理学
中，*senex* 和 puer aeternus 是两种对立的原型，puer aeternus
是指永远长不大的少年即永恒少年，*senex* 是拉丁语，指
老人。

本项目/研究得到了基础问题研究所 FQXi-RFP-1817号赠款,硅谷社区基金会捐赠者建议基金、费策-富兰克林基金、约翰-邓普顿基金会 [编号 # 62106] 赠款的支持。本出版物中表达的观点仅代表作者本人,并不能反映约翰-邓普顿基金会、基础问题研究所或费策-富兰克林基金的观点。本书还受益于澳大利亚研究理事会的发现项目资助 [DP210100919]。感谢普林斯顿大学出版社的编辑罗布·坦皮奥对本书的信任,他提供了许多睿智建议和书中列举的几个例子,包括威廉·斯泰格那段极其完美的开场白。

感谢盖娅在本书写作的后期容忍了我的焦躁不安和心烦意乱,感谢米拉在写作过程中给予我的耐心和关爱。

迪恩·里克尔斯

新南威尔士州贝里马

2021 年 11 月

人生苦短，归来

保利努斯啊，大多数人都会抱怨大自然的吝啬，因为她赋予我们的时光太过短暂。生命转瞬即逝，绝大多数人还没有准备好拥抱它，却已经走到生命的尽头。

——塞涅卡《论生命之短暂》的开篇语[1]

鲁齐乌斯·安奈乌斯·塞涅卡（小塞涅卡，约前4—65）写了一本优美而短小精悍的书，名为《论生命之短暂》。在某种程度上，您现在阅读的这本书是对《论生命之短暂》这本经典著作的推陈出新，事实上，这本著作是最早的自助书籍。[2]

塞涅卡是尼禄[3]青年时代的导师，尼禄后来成为罗马帝国的皇帝。而塞涅卡因密谋杀害尼禄而被审讯，为逃避审讯，他选择自杀（即所谓的"皮索党阴谋"）。他死得相当惨烈，先割腕，又割腿，却没有因失血过多而死亡，接着他又服下毒芹，但那时他的血液循环已经减缓，所以也没能成功死去，于是，他又泡热水浴以加速血液流动。[4]由于和权贵纠缠不清，塞涅卡还被卷入其他各种阴谋：他被流放，据说就是因为与"疯皇帝"卡利古拉[5]的妹妹上床（考虑到关于他的种种八卦，卡利古拉这么对他可能是出于嫉妒）。

《论生命之短暂》写于约公元55年。对于当时的主要公众人物来说，使用阴谋诡计确属司空见惯，其实现在也大同小异，该书在写作过程中可能也在一定程度上发挥着这种作用。据说这本书是塞涅卡为岳父保利努斯所作，目的是方便他退出公共生活（保利努斯当时是罗马帝国负责粮食供应的首席管理官），但同期保利努斯似乎已经每况愈下（阿格里皮娜[6]中意的人选法尼乌斯·鲁弗斯正在取代他），而这本书更像在保全他的颜面，使他得以体面地离开。由于书中有许多关于罗马帝国上流社会的负面评论，因此它给塞涅卡带来益处的可能微乎其微。

"塞涅卡"在英语中可以翻译为"老人"。从书名来看，这颇具讽刺意味，但也非常贴切，因为在塞涅卡看来，我们应视时间为无价之宝：宇宙中最珍贵的物质，价值远远凌驾于其他有形的物质财富之上。"时间就是金钱"完全不足以描述它，时间比金钱宝贵得多，金钱可以被取而代之、可以重复使用。而时间是一种特殊物质，很难用通俗意义上的物质来描述：它不可触摸，不可闻嗅，不可倾听。我们没有专门感知时间的特殊器官，只能看到时间划过的痕迹，不幸的是，这些痕迹有时会与我们的衰老相联系：天体运动定义时间，时钟滴答响过，日历被翻过，日记本被写过等。

当然，时间或者至少是我们的时间之旅自有其可悲之处，它似乎行进在一条单行道上。我们"不能两次踏入同一条河流"，只能通过回忆回味过往。因此，我们明白了时间珍贵性的一个关键要素：每个事件都是独一无二的，永远不会重复。正如另一位罗马作家、伊壁鸠鲁派哲学家卢克莱修在《物性论》中所说："现在将一去不复返。"[7] 如果我们从经济学的稀缺性原则来看，就能明白时间为何如此宝贵。塞涅卡建议道，一个人最应该明智地利用时间这个资源，不要把它虚耗在无聊的追求上。[8] 然而，这正是大多数人的所作所为：一边抱怨时间稍纵即逝，一边大肆挥霍时间。对于这种可悲可叹的情形，我们不应怨恨自然和宇宙，而要引咎自责。我们应该感谢上天赐予我们时间。因此，塞涅卡在《论生命之短暂》中辩解道："不是我们的生命短暂，而是我们蹉跎了岁月。"[9]

看到这么多人在脸书（Facebook）、照片墙（Instagram）和其他社交媒体上豪掷大把时间，我相信塞涅卡一定会大吃一惊！一个"千禧一代"或"Z世代"经年累月地将时间消磨于这些平台，他们更关注自己的外表，而不是内心，从不给自己留出适当的时间用于思考——我得补充一句，我的很多学术同行也是如此！我和塞涅卡一样，对这种暴殄天物的做法感到震惊。出于这个原因，我放弃所有的社交媒体，几乎立刻感觉好多了（第4章将讨论我们易于浪费时间的一些原因，第 5 章将尝试提供一些应对方法）。

在塞涅卡的时代，人们的平均寿命只有 40 岁。那时，生命真正是稍纵即逝。至少在西方发达国家，我们的人均寿命已经翻了一番，但相对仍然很短暂。回顾那些在很久以前就有丰富成就的短暂生命，你很难想象我们只是在近年来才将人均寿命延长一倍。今天读来，塞涅卡的文章仍然言之有理，仍能概括他之后涌现的大量文学和歌曲，我还会经常翻阅他的这本小书。

然而，我要向塞涅卡致歉，生命还是太短暂：如果许多所谓的延年益寿保健品能产生效果的话，我会活得更久，你可能也会。与其说这本书在延长生命，不如说它和塞涅卡的书一样（不管它的初衷如何），主要关注如何更明智、更有效地利用自己最宝贵的资源——时间，同时也更加意识到，你拥有的时间是多么卓尔不凡。我希望本书尽可能少地占用你的时间。时间无疑是宇宙中最奇妙、最难理解的元素，仅次于"万物何以存在"之谜（可能两者一样奇妙）。时间的紧迫性让我在同一房间的同一台电脑上打出更多的字。这是一种极其有效的资源回收利用的方式。在我看来，宇宙确实基于效率产生时间（宇宙是伟大的优化者），就像塞涅卡建议我们使用时间的方式那样——事半功倍。

我们的生活就是时间的实体化。通常，我们认为以下这个简单的等式成立：时间＝生命。我们的生命很明确地以时间为分界——出生时间和死亡时间。正如19世纪德国哲学家黑格尔精准地指出，出生本质上就是死亡：

> 归根结底，有限性事物的本性就是消亡：一个人出生的那一刻，死亡便已经开始。[10]

心灵也有自己的视界。就像你的存在受时间所限，在这个有限的时间跨度内，你在任何一个时间段的资源都屈指可数。每一瞬间，你的心灵都只能感知到一小部分现实，持续几毫秒到几秒钟。这是你的即时意识，按照伟大的心理学家、哲学家威廉·詹姆斯所说，这就是"似是而非的现在"[11]。这就是你感受到的现实。这就是你的"现在"。哲学家们对此兴奋不已，因为很显然我们必须从这个"即时意识"感受到的微小窗口去推断宇宙的其余部分，包括过去、未来、外部世界以及心灵世界。奥地利音乐家维克多·扎克坎德[12]对此有过恰到好处的描述：

> 这是一种多么不稳定的状态啊，一根细线将海市蜃楼般的海洋分成两半，维持着平衡，可这细线本身也在神秘莫测地蒸发着。[13]

事实上，过去和未来构成了我们现有生命的边界，我们发现自己处于这两种当前"不存在"的状态之间，而出生和死亡则是我们前面提到的生命的分界（至少，对我们来说，它当前"非存在"）。

但塞涅卡认为，"时间 = 生命"这个等式并不完全正确。简单地在时间中存在（或持久）着并不等同于生命："所有其余的存在都不是生命，而仅仅是时间。"[14] 拉丁文中表示生命的单词"vitae"（生命），就体现出时间带来的这种差异。生命充满活力。他写道：

> 不能仅因为一个人白发苍苍和满脸皱纹就认为他长寿。他只是存在了很长时间，而非活了很长时间。如果一个人刚离开港口，就陷入狂风暴雨之中，四面八方狂风

大作，他在原地马不停蹄地打转，你会认为他已航行很远吗？其实他并没有走多远，只是被胡乱折腾了一通。[15]

无论时间长短，我们肯定都想要一段旅程。把我们实际生活的时间加起来——真正生活的时间——人生往往如白驹过隙，但这只是因为太多的时间并没有真正用于生活，我们往往处于茫然的状态，等待生活从天而降（我们会在第6章讨论"临时生活"的话题时再次回顾这个概念）。我们没有主动地生活，而是选择通过微小时刻"在场"的方式去旁观一些毫无价值的内容。

为了拥有一段美好的旅程，我们往往需要一张优秀的地图。塞涅卡就想提供一张这样的地图，指出一个不偏离航道的方法，避免过多干扰和错误转向。塞涅卡是斯多葛学派哲学家的典型代表，他经常撰写如何美好生活的指南。我们现在把"斯多葛学派"[16]当作一个术语，指一个人能够不卑不亢、心平气和地承受着命运的无尽摧残——巧合的是，"斯多葛学派"一词本身源于希腊语中的门廊（stoa），这些哲学家们在门廊下思考哲学。斯多葛学派是一个与这种人生观密切相关的哲学家群体，但他们的观点要更为广泛，提供一套相当完整的世界观，涵盖政治和物理等不同领域。

我并不想把这本书写成一本关于斯多葛主义的书，虽然最近斯多葛主义似乎在引领时尚，这可能会纠正整个社会中四处蔓延的焦虑不安和自命不凡。但毫无疑问，它也温和地纠正了对所谓有毒的男子气概[17]的攻击。不过，我还是想简单地谈谈另一位更著名的希腊哲学家——伊壁鸠鲁[18]，他也关注生命和死亡问题，尽管他更关注如何缓解因生命短暂而产生的焦虑，而不是争论生命是否真的那么短暂，或者应如何充实生命。

当然，关于死亡的焦虑非常普遍——我就有这种焦虑[19]。让-雅克·卢梭[20]曾如是说：

> 假装对死亡无所畏惧的人在撒谎。所有的人面对死亡都会恐惧不安，这是众生的规律，没有它，整个人类都会被摧枯拉朽地毁灭。[21]

然而，伊壁鸠鲁有句名言："死亡对于我们来说无足轻重。"[22]为什么？因为一个朴实无华的观点："当我们存在时，死亡不存在，而死亡存在时，我们已经不存在。"死人理所当然不会感到痛苦。事实上，"死人"一词可能被视为矛盾体：人在世上生机勃勃方为人，死人已不是真正意义上的人存在的状态，就像你的家窗明几净一样。但是从生机勃勃到油尽灯枯，再到与世长辞的过程呢？在这个过程中，人失去活着的状态。人对于"活着"恋恋不舍，尽管一旦失去"活着"这个状态，就不再有自我能关注它！

对于克服死亡恐惧，基于上述两种非存在状态（出生前和死亡后）之间的对称性，上面提到的伊壁鸠鲁派哲学家卢克莱修提出过另一个更广为人知的观点：

> 回顾自己出生前的时光。大自然仿佛在我们面前放了一面镜子，让我们通过这种方式对自己死后的未来一目了然。这是让人感到岌岌可危，还是心灰意冷？ [23]

换句话说，你不曾担心自己出生前未存于世的事情，其实这与你死亡后不存于世在性质上如出一辙（镜像）。因此，如果我们不担心过去的未存于世，我们理所应当以同样的方式对待对称的情况，如果我们想成为一名理性的人，那就应该以同样的方式对待对称的两种情况，所以如果我们不担心过去的不存在，就顺理成章地不担心未来的不存在。

我们可以通过多种方式直面这个观点。法国小说家米歇尔·乌尔勒贝克曾在一次采访中提及，当你考虑自己的死亡时，对称性的观点可能非常行之有效。但考虑其他人的死亡时，它则可能无济于事，如涉及亲人的死亡，它只会徒劳无功。[24] 对于伊壁鸠鲁的无伤害论观点，我们也可以这么想：死亡不会让死者痛不欲生，但死亡肯定会让活着的人摧心剖肝。

这些都千真万确，但让我们自私一点，在这里把注意力集中到自己身上——别担心，我们会在稍后讨论自恋问题时再补充这点。对称性观点对我们有帮助吗？我认为它徒劳无功。如果像伊壁鸠鲁派学者表述的无须担心死亡，就是忽视死亡通过强制选择在提供人生的意义方面具有不可或缺的作用。从生活的意义来说，死亡至关重要，因为它提供一个有限的边界，而这正是本书的关键点。死亡不应该被轻描淡写地一笔带过，它更应被视为一种赋予生命活力的宝贵馈赠。

这点在很大程度上与前面描述的时间的基本特征有关，

即时间沿一个方向勇往直前，随着时间的流逝，过去的事情被尘封，未来的事情岿然不变。这对人类有着各种各样的意义。正如赫尔曼·梅尔维尔在小说《白夹克》中所言："过去已死，不再复生；而我们满怀憧憬，迎接未来的生命。"[25] 换句话说，时间之箭指出一个事实，即对称性观点的前提并不正确。从人类的角度看，对过去和未来不应一视同仁，因为一条路生生不息，而另一条路已时过境迁。下一章将讨论对未来的可能性不设限时会发生什么。

注 释

［1］ 塞涅卡《论生命之短暂》第一章。

［2］ 与现代哲学相比，早期哲学更倾向于自助，而现代哲学很少以教化和改善为目标。一般来说，它们关注的是培养品格并开启美好的生活（希腊语为 eudaimonia）。参见皮埃尔·阿多（Pierre Hadot）的优秀著作《作为生活方式的哲学》［迈克尔·蔡斯（Michael Chase）译，牛津：布莱克威尔出版社，1995 年］。该书通过"精神练习"（如果你愿意，可以称为古老的"生活小窍门"）这一实用概念，准确地阐释相关自助内容。

译者注：皮埃尔·阿多（1922—2010），法国哲学家和哲学历史学家，法兰西学院荣誉教授，专门研究古代哲学，特别是新柏拉图主义，主要著作有《作为生活方式的哲学》《别忘记生活》《古代哲学的智慧》等。

[3] 尼禄·克劳狄乌斯·恺撒·奥古斯都·日耳曼尼库斯（拉丁语：*Nero Claudius Caesar Augustus Germanicus*，37—68），罗马帝国第五位皇帝，朱里亚·克劳狄王朝第五位亦是最后一位皇帝，公元54年10月13日—公元68年6月9日在位。尼禄是古罗马乃至欧洲历史上著名的暴君。在位期间，行事残暴，杀害自己的母亲及多任妻子，处死诸多元老院议员，并奢侈荒淫，沉湎于艺术、建筑等。但尼禄并未完全荒废政务，对内推行诸多利民政策；对外成功化解帕提亚与亚美尼亚危机，创造了一定的政绩。世人称之为"嗜血的尼禄"。

[4] 早期记载见塔西佗（Tacitus）的《编年史》（*Annals: Books*）第13—16册，约翰·杰克逊（John Jackson）译，洛布古典丛书（Loeb Classical Library），第322页（马萨诸塞州剑桥：哈佛大学出版社，1937年，XV.60ff）。艾米莉·威尔逊（Emily Wilson）的《塞涅卡：生平》（*Seneca: A Life*）是一本关于塞涅卡生平的优秀传记（伦敦：企鹅出版社，2014年）。詹姆斯·柯克（James Ker）的《塞涅卡之死》（*The Deaths of Seneca*，牛津：牛津大学出版社，2013年）

提供了关于塞涅卡之死的更多细节!

　　译者注:塔西佗(约55—约120),古罗马最伟大的历史学家,《编年史》是作者最后一部作品,也是最有特色、最为精彩的一部著作,虽仅有部分卷传世,但仍不失为一部史学名著。该书主要记述了公元14年奥古斯都去世至公元68年尼禄自杀这半个世纪期间的罗马历史,涵括罗马早期帝国时代的政治变故、权力斗争、对外战争、君王生活等,基本上是一部罗马帝国早期政治史。

　　[5]　卡利古拉(Caligula),原名盖乌斯·尤里乌斯·恺撒·奥古斯都·日耳曼尼库斯,是罗马帝国的第三位皇帝,公元37年3月18日至公元41年1月24日在位。他是屋大维建立罗马帝国以后最为残暴的皇帝。

　　[6]　阿格里皮娜(Agrippina)(15—59),全名尤利亚·维普桑尼亚·阿格里皮娜(Julia Vipsania Agrippina),她的母亲是第一代罗马皇帝屋大维的外孙女,早年阿格里皮娜被罗马皇帝卡利古拉流放,嫁给第一任丈夫后生下尼禄,后成为罗马皇帝克劳狄一世的皇后,并利用手段让尼禄成为皇位的继承人。后尼禄成为罗马帝国第五代皇帝,阿格里皮娜因权力斗争被尼禄杀害。她是罗马帝国早期的著名女性人物。

　　[7]　卢克莱修(Lucretius):《物性论》(*On the Nature*

of Things），W.H.D. 劳斯（W.H.D. Rouse）译，马丁·F. 史密斯（Martin F. Smith）修订，洛布古典丛书（Loeb Classical Library）181，马萨诸塞州剑桥：哈佛大学出版社，1924 年，第 3 册，第 928 页。弗里德里希·谢林（Friedrich Wilhelm Joseph von Schelling，1775—1854）在这方面谈到"笼罩着所有凡人生活的忧郁"［《弗里德里希·威廉·约瑟夫·谢林文集》第 7 卷，《对人类自由本质及相关主题的哲学探究》（斯图加特：科塔出版社，1860 年），第 399 页］。德国小说家让·保罗在《赛琳娜，关于永生》《Selina; oder Über die Unsterblichkeit》（斯图加特：科塔出版社，1827 年）中将这种感觉称为"普世的痛苦"。

译者注 1：卢克莱修，全名提图斯·卢克莱修·卡鲁斯（Titus Lucretius Carus）（约前 99—约前 55），罗马共和国末期的诗人和哲学家。他继承古代原子学说，阐述并发展伊壁鸠鲁的哲学观点，认为物质永恒存在，提出"无物能由无中生，无物能归于无"的唯物主义观点。

译者注 2：弗里德里希·谢林，德国唯心主义哲学家，与康德、费希特、黑格尔并称德国古典哲学四大家。主要著作有《自我作为哲学的本原》《一种自然哲学的理念》《先验唯心论体系》《哲学与宗教》《论人类自由的本质及相关对象》《世界时代》《神话哲学》《启示哲学》等。

　　[8]　他列举了自己糟蹋浪费时间的例子："如果要一一列举那些将一生用于下棋、打球或晒太阳的人，那将很乏味"[塞涅卡：《论生命之短暂》，C.D.N·科斯塔（C.D.N. Costa）译，伦敦：企鹅出版社，1997年，第20页]。我想塞涅卡会和我成为好朋友。除非另有说明，后续引用的所有塞涅卡的文章均来自罗姆（Romm）在《如何生活》（*How to Have a Life*）一书中的译文。

　　[9]　塞涅卡：《论生命之短暂》，科斯塔译，第1版。

　　[10]　黑格尔（G.W.F. Hegel）：《逻辑学》（*Hegel's Science of Logic*），A. V. 米尔（A. V. Miller）译，纽约：阿默斯特出版社，1999年，第129页。这一说法并非黑格尔原创，但他表述得恰如其分。塞涅卡本人在其悲剧《发怒的海格力斯》（*Hercules furens*）中也表达过类似观点："我们获得生命的第一个小时，生命就少了一个小时。"罗马天文学家马库斯·曼尼里乌斯（Marcus Manilius）在作品《占星学》（*Astronomica*）（托依布纳：莱比锡出版社，1915年）第四卷第16节中也表达了同样的观点："我们生于斯，死于斯，开始即终结。"

　　译者注1：格奥尔格·威廉·弗里德里希·黑格尔（1770—1831），德国19世纪唯心主义哲学的代表人物之一，西方哲学史上最伟大的哲学家之一，主要著作有《费希特与谢林哲学体系的差别》《精神现象学》《逻辑学》《哲学科学全书纲要》《法哲学原理》等。

译者注 2：曼尼利乌斯，活动于公元 1 世纪初期，古罗马诗人、修辞学家、天文学家。

[11] 威廉·詹姆斯（William James）：《心理学原理》（*Principles of Psychology*），纽约：亨利－霍尔特公司，1893 年，第 609 页。

译者注：威廉·詹姆斯（1842—1910），美国心理学之父，美国本土第一位哲学家和心理学家，也是教育学家、实用主义的倡导者，美国机能主义心理学派创始人之一，亦是美国最早的实验心理学家之一。1904 年当选为美国心理学会主席，1906 年当选为国家科学院院士。2006 年被美国的权威期刊《大西洋月刊》评为影响美国的 100 位人物之一。主要著作有《机能主义心理学》《实用主义》《心理学原理》《宗教经验之种种》等。

[12] 维克多·扎克坎德（Viktor Zuckerkandl，1896—1965），犹太裔奥地利音乐学家。

[13] 维克多·扎克坎德：《声音与符号》（*Sound and Symbol*），新泽西州普林斯顿：普林斯顿大学出版社，1969 年，第 161 页。

[14] 塞涅卡：《论生命之短暂》，科斯塔译，第 2 节。

[15] 同上，第 7 节。

[16]　斯多葛学派是古希腊的四大哲学学派之一，也是古希腊流行时间最长的哲学学派之一。古希腊另外三个著名学派是柏拉图的学园派、亚里士多德的逍遥学派和伊壁鸠鲁学派。从公元前 3 世纪塞浦路斯的芝诺创立该学派开始，斯多葛学派一直流行到公元 2 世纪的罗马时期，前后绵延 500 年之久。一般认为，斯多葛主义的历史分为早期、中期和晚期三个阶段，早期的代表人物除了芝诺以外，还有克雷安德和克吕西波；中期的代表人物有潘尼提乌、波昔东尼、西塞罗等；晚期的代表人物是塞涅卡、爱比克泰德和奥勒留。

[17]　有毒的男子气概（toxic masculinity），出自贾里德·耶茨·塞克斯顿（Jared Yates Sexton）的《他们想让我变成这种男人：有毒的男子气概和我们自己造成的危机》，是一套由各种禁忌和不可能达到的期望组成的观念，这些观念通过给男人施加身体和精神上的虐待，使他们沉迷于强求自己去实现那些期望。

[18]　伊壁鸠鲁（希腊文：Ἐπίκουρος，英文：Epicurus，前 341—前 270），古希腊唯物主义哲学家，被认为是西方第一个无神论哲学家，伊壁鸠鲁学派的创始人。伊壁鸠鲁成功地发展了阿瑞斯提普斯的享乐主义，并将之与德谟克利特的原子论结合起来。他的学说的主要宗旨就是要达到不受干扰的宁静状态。主要著作有《论自然》《论原子和虚空》《准则

学》《论生活》和《论目的》等。其著作从不引用，通篇记录为自己的言行语录。大部分手稿因时代变迁已遗失，仅留下给希罗多德、毕陀克勒和墨诺修斯的信件以及部分残篇。

［19］ 出自欧文·亚隆（Irvin Yalom）的《凝视太阳》（*Staring at the Sun*），亚隆是存在主义心理治疗法的代表人物，他提出一种全新的疗法来处理有意义和无意义问题及其与焦虑关系等。

译者注：欧文·亚隆（1931— ），斯坦福大学精神病学终身荣誉教授，美国团体心理治疗权威，与维克多·弗兰克尔（Viktor Emil Frankl）和罗洛·梅（Rollo May）并称存在主义治疗法三大代表人物，当世仅存的国际精神医学大师。主要著作有《生命的礼物》《叔本华的治疗》《成为我自己》《存在主义心理治疗》《当尼采哭泣》等。

［20］ 让－雅克·卢梭（Jean-Jacques Rousseau, 1712—1778），法国18世纪启蒙思想家、哲学家、教育家、文学家，民主政论家和浪漫主义文学流派的开创者，启蒙运动代表人物之一。主要著作有《论人类不平等的起源和基础》《社会契约论》《爱弥儿》《忏悔录》《新爱洛伊丝》《植物学通信》等。

［21］ 引自D. J. 恩赖特（D. J. Enright）编著的《牛津死亡集》（*The Oxford Book of Death*），牛津：牛津大学出版

社，1983 年，第 22 页。

［22］ 伊壁鸠鲁：《致梅诺塞斯的信》（*Letter to Menoeceus*），
罗伯特·德鲁·希克斯（Robert Drew Hicks）译。

［23］ 卢克莱修《物性论》：第 3 册，第 972 节。

［24］ 米歇尔·乌尔勒贝克在访谈中谈及，"写作就像在
大脑中培养寄生虫"。

译者注：米歇尔·乌尔勒贝克（Michel Houellebecq），
本名米歇尔·托马（Michel Thomas），法国现代作家，小说
家、诗人、电影导演。乌尔勒贝克凭借《基本粒子》获 2002
年国际 IMPAC 都柏林文学奖，《地图与疆域》获法国文学最
高奖项——龚古尔文学奖，主要著作还有《血清素》等。

［25］ 赫尔曼·梅尔维尔（Herman Melville）：《白夹
克》（*White Jacket*），波士顿出版社：西蒙兹，1850 年，第
143 页。

译者注：赫尔曼·梅尔维尔（1819—1891），19 世纪美国
最伟大的小说家、散文家和诗人之一，与纳撒尼尔·霍桑齐
名，梅尔维尔生前没有引起应有的重视，在 20 世纪 20 年代
才声名鹊起，被普遍认为是美国文学的巅峰人物之一。主要
著作有《白鲸》《水手比利·巴德》《阳台故事集》《书记员巴
特尔比》《苹果木桌子及其他简记》等。英国作家毛姆认为梅

尔维尔的《白鲸》是世界十大文学名著之一，其文学史地位更在马克·吐温等人之上。梅尔维尔也被誉为"美国的莎士比亚"。

谁想长生不老？

"可惜你只能活这么久。"

——维泰克，出自莱奥什·雅纳切克的歌剧《马克罗普洛斯案件》[1]

上一章，我们谈到死亡焦虑源于丧失未来的无限可能（一个开放的未来），对未来的憧憬带给我们对永生永世的诸多幻想：期望更多可能的经历。这里有一种大规模的终极"错失恐惧症"[2]（即"害怕错过"），死亡焦虑是最终极的错失恐惧症。事实上，正如英国诗人菲利普·拉金[3]的名言所说，我们可以用宗教（"那庞大的被蠹虫蛀坏的音乐锦缎"）这种方式"制造出我们永远不死的假象"[4]，以试图缓解这种焦虑。

捷克作家卡雷尔·恰佩克[5]写过一个名为《马克罗普洛斯案件》的剧本，后来被莱奥什·雅纳切克改编成歌剧，本章开头的引文就出自这个剧本。剧中的埃莉娜·马克罗普洛斯使用炼金术研制出长生不老药，由父亲献给国王鲁道夫二世。她试药活到342岁时，药水日渐失效。虽然她拥有长生不老药配方，每300年服用一次即可永葆青春，万年不死，但她还是万念俱寂，决定放弃配方，身死道消。故而，让我们重回塞涅卡的主题，经历过300多载岁月的马克罗普洛斯，感悟到即便拥有天长地久，生命仍或多或少需要一些意义，否则将索然无味。

我承认，对我来说342岁的寿命似乎有点短——这点时间尚不够我读完自己私人图书馆的藏书，可能也无法让我掌握想学的各种语言、乐器、数学，以及其他有趣的技能（比如骑独轮车、杂耍、高速解魔方等）。毫无疑问，我们喜欢各种东西的原因可能大相径庭，这与每个人的个性密切相关，也可能与独处能力有关。事实上，我认为如果了解到一个人希望活多久以及以何种方式生活，就可以管中窥豹他的性格。

哲学家伯纳德·威廉斯[6]爵士在论文《对不朽的乏味的思考——以马克罗普洛斯为例》中引用了这个故事。但我认为，"乏味"本身并不是关注的重点。事实上，很多人对威廉斯的观点做出回应，那就是似乎很多物质并不会让人感到边际收益递减，比如说爱情。或者，更具体地说，海洛因成瘾者似乎就不会厌倦吸毒，当然，他们需要与日俱增的毒品才能感受同样的状态。因此，从这个意义上看，效果边际递减。威廉斯对我们的欲望洞若观火，那仿佛一个大棋盘，看起来是庞然大物，但下棋的可能性却有迹可循，故而我们有能力穷尽所有可能，并最终以尼采的永恒回归方式[7]周而复始。但这似乎莫衷一是，无法理直气壮地让人相信现实就是这样

人生短暂　活出意义

Life Is Short: An Appropriately Brief Guide to
Making It More Meaningful

的有限组合，而非拥有无边无际可能的汪洋。

　　然而，人们可能会满腹狐疑，对于我们这样的人类来说，谈论永生是否合乎逻辑。正如威廉斯所言，我们认为一个在永恒中存在的自我必不可少，否则永恒必将化为泡影，只是一系列截然不同的事物。英国哲学家和医生约翰·洛克[8]提出过个人身份记忆（以及心理连续性或意识的同一性）理论。然而，苏格兰启蒙运动哲学家托马斯·里德[9]对此提出反对意见，认为即使在一个有限的情景中，也很难谈论永恒的自我。[10]

　　以时年80岁的陆军将军里德本人为例。当他是一名40岁的军官时，他可能还记得10岁时偷苹果的情景，而老将军可能也还记得40岁时的军官岁月。但到了晚年，他却十有八九不记得幼年偷苹果的事情。[11]假设我们这样的人类能在某种意义上永生，那这样的例子将引发一些问题。如果我们的寿命可以延长至1000年，更不用说永恒，假如我们拥有的仍是普通人的记忆系统，在这经年累月里，对永恒自我的存在理解则需从长计议了。事实上，似乎我们的寿命或多或少与长期记忆能力相差无几，恰到好处地匹配着一个人的生命（假设一个人未不幸地患上阿尔茨海默病）。

当然，我们只是在这胡乱猜测。如果我们真被赋予永生，谁知道"人生"是什么样的呢？例如，如果我们能长生不老，毋庸置疑将改变自己的生活条件，甚至自己的身体，最终使得整个生命面目全非，当然这很不可思议。但是，我们至少能根据已知的生活情况开展推测，如果推测正确，我们会发现长生不老的生活，虽然可能表现出瞬间的连续性，但无法完全记忆会导致一系列的生活被分隔——这与前世今生现象很相似，在这种现象中，人们声称对自己在另一个身体（通常是一些著名人物）里发生的旧事记忆犹新。令人难以置信的是，这几乎正是柏拉图[12]和其他转世论者对灵魂不朽的看法，柏拉图在《斐多》的对话中，就提及灵魂转世、轮回等。然而，我们上面曾讨论过的问题又需旧话重提，如果这些"轮回"的自我在各种转世中缺乏持久性的记忆，我们又如何将其视为同一个不朽的个体呢？[13]

抛开长生不老不谈，现代炼金术让我们距离 342 岁还有多远呢？1997 年，一位名叫珍妮·路易斯·卡尔芒的法国妇女去世，享年 122 岁。在没有任何能延年益寿的医疗措施干预的情况下，她是迄今为止最长寿的人。英国抗衰老倡导者奥布里·德·格雷[14]提出一套著名的"可忽略衰老策略"（SENS，Strategies for Engineered Negligible Senescence）[SENS 恰好是塞涅卡（Seneca）一词词根的双关语]。其理念是找到产生衰老的机制，然后提前干预这些机制。当我们想延长寿命时，只需要去调整一下身体，就像去修理汽车一样。格雷写到，把（我们）比作机器，老化是机器磨损，是机器经年累月损伤的积累，因此有可能修复。[15]到目前为止，关于修复有很多讨论，如延长端粒[16]等，虽然这些基本想法听起来合情合理，但并没有取得重大实质性成果，目前还没有人能打破珍妮·路易斯·卡尔芒的长寿纪录。然而，就像许多相关领域的生物黑客的想法一样，德·格雷的提议涉及本书后续提及的一个话题——"永恒少年"以及过于强烈地追求这种行为的想法都愚不可及——"永恒少年"追求无拘无束，如上帝般完美。

　　事实上，德·格雷本人就是"永恒少年"的典范，他对"青春永驻"和"治愈衰老"的想法青睐有加，仿佛衰老是某种可怕的疾病。[17]显然，德·格雷这类永生主义者的直觉与威廉斯这类有限主义者直接对立，后者旗帜鲜明地写道，如果永生，"我最终会完全厌倦自己"[18]。

唉，在现存于世的德·格雷们想方设法显著延长我们的寿命（这是件十拿九稳的事情）之前，我们只能猜测人生短暂，并且显然还无法遏制自身蹉跎岁月。我们将在第4章讨论这种厚颜无耻地滥用时间的行为。在此之前，我想先讨论另一种永恒，即我们不可避免地死去后，承继香火的人。我们这种显而易见的迂回，目的就是在死亡（以及相当宽泛意义上的时间）和活着的意义之间取得一些进展。因为最近一些哲学著作声称，事实上某种形式的来生（至少我们死后有人承继香火）是生活有意义的必要条件。正如我在本书中所言，如果有意义之于短暂的人生必不可少，那为什么我们会在集体层面出现这种明显的冲突？我们将展示出如何实际化解这种冲突。

注　释

［1］《马克罗普洛斯案件》为莱奥什·雅纳切克根据卡雷尔·恰佩克于1922年问世的同名作品改编的三幕歌剧。

［2］错失恐惧症（"Fear of Missing Out"，简称"FOMO"），

特指那种总在担心失去或错过什么的焦虑心情，也称"局外人困境"。具体表现为无法拒绝任何邀约，担心错过任何助益人际关系的活动。此词最早由作家安妮·斯塔梅尔使用，后美国《商业周刊》一篇文章用了这词，使得该词广为传播。2011年年底，"FOMO"一词曾入选美国方言协会的"全美2011年度热词候选名单"。

[3] 菲利普·拉金（Philip Larkin, 1922—1985），英国诗人，诗集学会主席、大英文艺促进会文学委员会委员、美国文理科学院名誉院士。曾获女王诗歌金质奖章、美国艺术和文学学术院洛安尼斯奖、德国FVS基金会莎士比亚奖和W.H.史密斯文学奖等。拉金被公认为继T.S.艾略特之后20世纪最有影响力的英国诗人。主要著作有《北方船》《少受欺骗者》《降灵节婚礼》和《高窗》等。

[4] 引自菲利普·拉金的《晨歌》（"Aubade"），载于《泰晤士报文学副刊》（Times Literary Supplement），1977年12月2日。恩斯特·贝克尔（Ernst Becker）在他的著作《拒绝死亡》（The Denial of Death，纽约：自由空间平装本，1973年）中提出类似的观点，他认为宗教是一种"防御机制"，是我们"永生计划"的一部分，使我们得以超越纯粹的肉体。

[5] 卡雷尔·恰佩克（Karel Čapek, 1890—1938），捷

克著名的剧作家和科幻文学家、童话寓言家。擅长讽刺幽默和幻想,以运用虚幻、象征的现代派手法为世人瞩目。曾七次获得诺贝尔文学奖提名,先后四次夺得国家文学奖。主要著作有科幻作品《罗素姆万能机器人》《鲵鱼之乱》等。

［6］ 伯纳德·威廉斯(Bernard Williams, 1929—2003)英国哲学家、当代道德哲学大师、英国社会科学院院士、美国艺术与科学院外籍院士,因在哲学方面的重大贡献而被授予爵位。他对道德和道德要求本质的探究,主导了近30年来西方伦理理论的思维,在某种意义上是这一时期最重要的道德哲学家。主要著作有《道德:伦理学导论》《功利主义:赞成和反对》《个人问题》《道德运气》《伦理学与哲学的边界》等。

［7］ 正如尼采所说:"你的整个生命,就像沙漏一样,一直反复转动,永不止息,漫长的时间一分一秒地流逝,直到你发现,每一种痛苦、快乐,每一位朋友、敌人,每一个希望、错误,每一片草叶,每一缕阳光都会再次出现,以及你生命中无法言传的大大小小的事情,都必将在你身上重现,而且一切以相同的顺序排列着。"《尼采全集》(*Notes on the Eternal Recurrence*),奥斯卡·列维编,伦敦:麦克米伦出版社,1991年,第16页。

［8］ 约翰·洛克(John Locke, 1632—1704),英国哲

学家和医生，被广泛认为是最有影响力的启蒙思想家和"自由主义"之父。他是英国最早的经验主义者之一，极大地影响着认识论和政治哲学的发展，影响过伏尔泰、让－雅克·卢梭、许多苏格兰启蒙思想家以及美国革命者。主要著作有《论宗教宽容》《政府论》《人类理解论》《教育漫话》《圣经中体现出来的基督教的合理性》等。

［9］ 托马斯·里德（Thomas Reid，1710—1796），18世纪苏格兰启蒙运动时期的哲学家，苏格兰常识学派的创始人。他认为哲学被休谟引入怀疑论陷阱中。为了摧毁怀疑论体系，里德建立常识哲学。尽管他的哲学对西方思想产生过重要的影响，但也遭受了严重的误解。直到20世纪末，里德哲学才重新引起哲学家的广泛兴趣。主要著作有《人类智力论》《按常识原理探究人类心灵》等。

［10］ 托马斯·里德：《人类智力论》，德里克·R.布鲁克斯（Derek R. Brookes）主编，宾夕法尼亚州立大学帕克分校：宾夕法尼亚州立大学出版社，2002年。

［11］ 反对洛克的观点是，将军被视为与军官相同，军官被视为与男孩相同，但将军不会与男孩相同，这很荒谬。有关这方面的更多信息，请参阅美国哲学家悉尼·舒梅克（Sydney Shoemaker）在《大英百科全书》中发表的精彩文章——《个人身份》。

[12]　柏拉图（Plato，前427—前347），古希腊伟大的哲学家，也是整个西方文化中最伟大的哲学家和思想家之一。柏拉图和他的老师苏格拉底、学生亚里士多德并称为"希腊三贤"。他创造或发展的概念包括：柏拉图思想、柏拉图主义、柏拉图式爱情等。主要著作有《对话录》《理想国》《苏格拉底的申辩》《斐多》等。

[13]　柏拉图：《斐多》，罗维（C. J. Rowe）译，剑桥：剑桥大学出版社，1993年。关于这个问题的更多信息，请参见杜卡塞（C.J.Ducasse），"在轮回中生存"（Survival as Transmigration），《永生》（Immortality），由保罗·爱德华兹（Paul Edwards）编辑，纽约州阿默斯特：普罗米修斯出版社，1997年。

[14]　奥布里·德·格雷（Aubrey de Grey），英国作家和老年生物医学家，抗衰老研究领域的知名人物之一，是SENS机构（一家总部位于加州，致力于抗衰老研究，重点关注再生医学的非营利性研究机构）的联合创始人，也曾是SENS基金会的首席科学官。主要著作有《线粒体自由基衰老理论》《终止老化》。

[15]　摘自汤姆·坦普尔顿（Tom Templeton）的《回首岁月》（"Holding Back the Years"），《观察家报》（The Observer），2007年9月16日。他在著作《终结衰老：在我们有生之

年逆转人类的衰老可取得突破性进展》(*Ending Aging: The Rejuvenation Breakthroughs That Could Reverse Human Aging in Our Lifetime*)中阐述了自己的使命（纽约：圣马丁格里芬出版社，2008 年）。

[16]　保护染色体末端的端粒，防止其退化或与其他染色体结合，是所谓临床长生不老的根源所依托的机制，因为端粒控制着细胞的生死。艾文·卡拉韦（Ewen Callaway）在《端粒酶逆转衰老过程》("Telomerase Reverses Ageing Process")一文中简单介绍了这一机制，文章发表于 2010 年 11 月 28 日的《自然》(*Nature*)杂志。布莱恩·阿普利亚德（Brian Appleyard）的《如何长生不死：新永生主义》(*How to Live Forever or Die Trying: On the New Immortality*)一书是关于抗衰老学的简明、通俗的介绍（虽然有点过时）。

[17]　"治疗衰老及其后果：与奥布里·德·格雷的访谈"，EMBO 期刊(*EMBO Reports*)第 6 期，2005 年，第 198—201 页。

[18]　威廉斯（Williams），《马克罗普洛斯案》第 100 页。喜剧《善地》(*The Good Place*)（其中的"善地"指来世）对一些跟永生有关的哲学问题进行了有趣的处理。倒数第二集"帕蒂"（Patty）恰恰关注的是没有意义的永恒的概念，并为那些过世的人提供一条通往虚无的"出路"，许多人

欣然接受。

译者注：《善地》是一部美国喜剧，由德鲁·高达执导，迈克尔·舒尔编剧，特德·丹森、克里斯汀·贝尔、威廉·杰克森·哈珀、亚当·休伯、曼尼·贾希尼托、班巴德贾恩·班巴领衔主演。该剧讲述一个来自新泽西州的自私女人埃莉，意外死亡后进入天堂（剧中称为"善地"）。为了不露出破绽，她被管理者迈克踢进地狱（"恶地"）而努力向哲学教授希迪学习，并逐渐意识到到底出了什么错，自己为什么会来这里。本剧以喜剧的风格讨论哲学范畴的"道德"和"善恶"。《善地》于 2016 年 9 月 19 日在美国 NBC 电视台首播。

人和活着的意义

一个无人的世界毫无意义。从某种意义上说，一个只有机械运转而无人的宇宙毫无意义。

——罗杰·彭罗斯[1]访谈录

如今，随着各种人为灾难纷至沓来，有一种屡见不鲜的思潮正在蔓延——希望人类完全消失，地球恢复原样。正如美国喜剧演员比尔·希克斯[2]曾经说的那样，在这个星球上，我们就像"穿鞋的病毒"[3]。我们已经看到，新冠病毒封控几乎立即导致自然环境改善。很久以前，艾伦·韦斯曼[4]就在他的《没有我们的世界》一书中预言过这个观点[5]，他认为人类从地球上消失的那天，大自然将接管一切——当然，他的假设是，在某种程度上我们并不属于自然。

事实上，我们完全可以想象，人类有可能在灾难性事件中灭绝。[6]全球气候变化可以轻而易举地将地球变得不再适合人类居住，尤其当这种情况和人口爆炸式增长相结合时——正如微软前首席科学家斯蒂芬·埃默特在其著作《一百亿》[7]的结尾处言之凿凿地指出："我认为我们完蛋了。"

在所谓的"人类自愿灭绝运动"中，你可以发现这种"反人类"的情绪尤为明显。这种观点源于莱斯·奈特（我很高兴地告诉你，他已经结扎），他认为人类糟糕透顶，应该被淘汰出这个宇宙。这种观点在保罗·埃利希和安妮·埃利希[8]的关于新马尔萨斯主义 [9]（坦率地说，这有点邪乎）的书——《人口炸弹》[10] 中得到了发展。这本书让许多人胆战心惊到行动起来，其结果我们有目共睹。

现在，假设你们得知，从此刻开始，所有的人类都将停止生育。你们当中的"人类自愿灭绝论者"无疑会喜出望外。但这对于你的余生，会产生什么影响呢？当你得知自己是最后一批人类，你的所作所为，你的呕心沥血，还有意义吗？用哲学家塞缪尔·谢弗勒 [11] 的话来说，这将夺走"来世" [12]。这不是任何宗教意义上的来世，而仅仅是指在你身故后还有人继续存活于世（除了你自己之外的人类）。这种局面就涉及人类集体生命的短暂。这是一个很好的直觉泵 [13]，我们可以利用它来掌握一些关键概念。

谢弗勒举了一个关于"生后灭绝"的例子，在一个末日审判的场景里，只不过这次没有胡子拉碴的布鲁斯·威利斯 [14] 拯救世界。我们知道，在你过世后一个月（请淡然处之，你属于自然死亡），一颗巨大的流星撞击地球，进而毁灭所有人类。假设这件事在所难免。那问题在于，这会让你的生活方式发生变化吗？你的生活会改弦易辙，还是一如既往呢？在这个终极队列中，相对其他人，你会一反常态吗？如果是，原因何在？那些在你身故后存活于世的人对你的生存有什么意义呢？大多数人对彭罗斯的观点都能感同身受：没有这种"来生"，没有人类，宇宙将变成一个毫无意义的存在。

　　谢弗勒本人用其思想实验证明，我们生命的大部分意义来源于心照不宣的"集体来世"的信念，正是这种信念让世界薪火相传。而这似乎与我们所表达并将进一步捍卫的观点形成鲜明对比，即人生短暂方能赋予生命意义。这种"来世"可能不存在的想法让人们困扰不已。他们烦恼的是，尽管其他一切都岿然不动地运转着，但人类世界却戛然而止。没有人再读书和写字（哪怕读这样短小精悍的书籍），没有人再作曲作画，没有人再烘焙烧烤，没有人再玩拼字游戏，没有人再漫步乡间，没有人再品酒小酌。这让人不仅因生命本身的终结而困扰，它还涉及另外一个层面。

　　事实上，这个例子很容易修改，没有人因天降大祸而突然英年早逝，而是像"人类自愿灭绝运动"所希望的那样，人类数量逐渐减少至零。在这里，谢弗勒借鉴了詹姆斯[15]的乌托邦小说《人类之子》，在这本小说里，人类因生殖问题在一个世纪内凋零殆尽[16]。并没有突如其来的事情导致人类灭绝，而是人类自然终老。但谢弗勒指出，人类仍会因此而忐忑不安，我也很赞同这点。令人烦恼的是后继无人，而非产生这种局面的原因。后继无人似乎让各种埋头苦干被釜底抽薪。举个例子，如果这本书写完后没有人来读，我为什么还要写呢？虽然我并没有太多雄心壮志，但也希望至少拥有一个读者！

我们可以从几个方面来进一步延展这个案例。一是灭绝事件的时间范围。仅仅在你过世后30天，那么两者的间隔近在咫尺，世界并没有太大变化。但我们都知道，宇宙中的事物无法永远存在，因为它在持续的熵增中衰减。例如，我们知道银河系中心有一个超大质量黑洞[17]，它最终会吞噬一切，抹除人类的所有记录。如果我们认为身故之后的"之后"是足够遥远的未来，那就真的没有来世。在某个时刻，我们的的确确会和宇宙中其他一切复杂结构一起消亡。在这种情况下，我们可以表现出适当的认知失调，假装什么都没有发生。但我们可能会发现，一个人过世后30天就发生大灭绝，与过世后数十亿年太阳死亡后才发生大灭绝，这两者不可同日而语，如果一定要相提并论，其实并不理性。只要你能过上正常的生活，而身故后大灭绝终会发生，那什么时候发生又有什么关系呢？毕竟，你身后千秋万代遗留的痕迹，最终也会在某个时刻灰飞烟灭。

事实上，就这一点，谢弗勒引用了伍迪·艾伦的电影《安妮·霍尔》[18]中的精彩片段（伍迪饰演年轻、抑郁的艾维·辛格，神经质得一如既往）：

弗莱克医生：你为什么这么沮丧，艾维？

艾维的妈妈：告诉弗莱克医生。（艾维垂头丧气地坐在那，他妈妈回答。）

艾维的妈妈：他读了些东西。

弗莱克医生：他读了东西，嗯？

艾维：（头仍然低着。）宇宙正在膨胀。

弗莱克医生：宇宙在膨胀？

艾维：嗯，宇宙包含万物，如果宇宙持续膨胀，总有一天会解体，那将是万物的终结！

　　艾维的妈妈：这关你什么事情？（她转向医生。）他
不做作业了！

　　艾维：作业有什么意义呢？

　　艾维的妈妈：这和宇宙有什么关系呢？你在布鲁克
林！布鲁克林没有扩张。

　　弗莱克医生：布鲁克林在几十亿年内还不会膨胀，
艾维。我们得活在当下，好好享受！

谢弗勒坚持认为艾维在犯傻，因为所涉及的时间一为数
十亿年、一为 30 年，两者截然不同。如果数字颠倒过来，艾
维的沮丧倒恰如其分，我们就会回到《人类之子》中的场景。
但我对此的直觉并不相同，我怀疑这是一种时间疾病（人类
对当下和近期事件的偏见——下一章我们会讨论这点），这种
疾病正对谢弗勒的直觉，但我不同。

　　另一种激发这种直觉的方法是第一章中提到的卢克莱修
的对称论，它也可以缓解死亡焦虑。如果确实是人类的缺失
导致我们的困扰，那为什么洪荒时期没有这种无人类导致的
困扰呢？宇宙大爆炸与第一个有意识、有自我意识的人类之

间，有一道波澜壮阔的"无人类的鸿沟"。这个例子再次揭示时间（本例中是时间之箭）起着至关重要的作用，因为时间代表着万物的演进，我们知道自己可以影响未来，但不能改变过去。

因此，归根结底，也许并不存在来世——当然，也不能排除这一点，我们可能拥有一个不朽的灵魂。如果我们相信尼采（见下文），也许并不存在《圣经》中的上帝，当然也可能存在某种创造性智能。无论如何，对于宇宙的存在，以及它为什么存在，并没有一个公认的解释。那你将如何生活？威廉·詹姆斯做过一次简短而深刻的演讲——"人生值得活下去吗？"威廉·詹姆斯正是考虑到"自杀"的问题，认为对于人类来说，"看不见的秩序"（或假设这种秩序存在）必不可少，这样一切才有意义。[19] 姑且不谈詹姆斯的"看不见的秩序"，如果宇宙莫名其妙就存在着（就目前所知，确实找不到宇宙存在的理由，詹姆斯自己也认为，我们只是有权利相信，存在某种精神秩序使得现实有序运转），那么为什么还要继续下去呢？

哲学家托马斯·内格尔 [20] 认为，在一个没有意义的世界中前行很"荒谬"。[21] 也就是说，鉴于我们的生活和计划对这个世界没有任何终极意义，而我们还一本正经地对待生活和事业，确属一种极大的讽刺，我们无缘无故地忙碌于一切事情，因而需要一种超越事情本身的意义（詹姆斯敦促我们接受"看不见的秩序"以避免自杀）。哲学家兼小说家阿尔贝·加缪 [22] 更是富有诗意地提到"人类需求"（以及"疯狂渴望清晰"）与"世界不合理的沉默"之间存在冲突。[23] 当然，对尼采来说，这只是上帝死亡后不可避免发生的状况，我们被遗弃在意义的真空中。[24] 我们真的无法探索出宇宙为什么存在。这不合理。据我们所知，也许下一秒一切都将化为乌有。然而，我们仍继续前行，在这个寂静的世界中竭尽所能地创造意义。当然，如果世界没有意义，会导致许多人走向虚无主义或享乐主义。除了追求自身认为正确的事情之外，何必另寻他径度过人生呢？当今社会，这种思潮也很泛滥，我在后续的章节中将提供虚无主义的替代方案。

这些术语的表述，似乎表明这一切都是新瓶装旧酒，仍在重复存在主义的老话题。在萨特等老一辈存在主义者眼里，问题在于如何在上帝已死、没有存在理由的世界里，创造意义。这个问题没有任何规律可言。他们的答案是，人需要自我塑造。我们没有从世界万物获取本质意义，"存在先于本质"[25]是我们的座右铭。现在，根据谢弗勒的观点，我们面临着另一个答案，我们不需要上帝，但我们确实需要集体，一个由不断发展的人类所组成的日趋庞大的集体。

　　这里可能还有其他因素起作用，这些因素更多地与希望事物得以保存的愿望有关。这可能只是一种潜在的保守主义。在沙堡这种简单的事物上，我们也能领悟这点。我们在海滩上建造宏伟的建筑，精心雕刻护城河等，并希望它能屹立不倒。当海浪冲走它，或者海滩上其他游客损毁它时，我们会怅然若失。那么，这里最主要的是"集体来世"的存在，还是因为这个集体的存在可以用于减少在所难免的熵增、保护文明的沙堡？这种作用来源于"集体来世"维持秩序以抵消熵增。我们喜爱井然有序，且更关注修身自立，而非正物律人。无论如何，我认为这并不简单，直觉这里存在着分歧。谢弗勒认为这种情况揭示了"利己主义的局限性"，而我并不能干脆利落地附和他[26]。

正如本章初始引言所述，关于人类在宇宙中的角色，我
与英国博学家罗杰·彭罗斯的看法更为相似（最后一章将进
一步讨论这一观点）。因为在引力理论和黑洞方面的贡献，彭
罗斯获得 2020 年诺贝尔物理学奖。彭罗斯出身于一个相当显
赫而有趣的家庭。他的父亲莱昂内尔是一位著名的优生学家，
他将这一学科转型为"人类遗传学"，以示和不光彩的过去相
区别——例如，正是他的研究将"蒙古症"[27] 更名为"唐氏
综合征"[28]。荷兰艺术家埃舍尔 [29] 的作品《上升与下降》展
现了一个"不可能的物体"，有限的、静止的画作空间里，这
个物体似乎拥有始终向上或向下但却无限循环的阶梯（彭罗
斯阶梯 [30]），但莱昂内尔和罗杰 [31] 一起将它创造出来。莱昂
内尔和罗杰还提出了"不可能的三角形"（彭罗斯三角），埃
舍尔受此启发创作《瀑布》。这种有限与无限的相互作用，尤
其是将无限引入人类的思维（将无限转化为有限，以便人们
可以在有限中掌握无限），是彭罗斯大部分作品的特点，我
喜欢以类似的方式思考死亡（有限）和意义（无限）之间的
关系。

　　彭罗斯将人的心灵或意识视为非常特殊的东西，它似乎又与意义的超越性相关，而意义的超越性正是心智的标志——真正的世界之光。事实上，他认为人工智能是天方夜谭，因为计算过程无法模拟大脑的运作方式，所以计算机无法替代人类行事。[32] 就其在宇宙中的角色而言，某种意义上的心智（自我意识）之于构建一个有意义的世界，确属必不可少。我们需要自我（作为主体）以认识世界（作为客体）。在这种情况下，如果我们希望未来拥有一个有意义的世界，那我们最好希望仍有人类（或至少拥有我们关键特征的"来世"）来维系它。对于我们的努力本身来说，持续存在的世界无足轻重，但对宇宙却更为重要，以便其成为一个有意义的实体。

　　展望宇宙遥远的未来，彭罗斯认为万物最终都会归于光子（光的粒子），听起来有点像艾维所述的噩梦般的未来。但光子的有趣之处在于它们并无质量，这意味着对光子来说，并不存在时间（这是爱因斯坦 [33] 狭义相对论 [34] 的结论），在某种意义上（也与它们的无质量有关）也不知道自己有多大。根据上述两点，彭罗斯认为，宇宙的终结可能伴随着另一次大爆炸，标志着另一个"时间周期"开始，因为我们观测到的所有光子都极微小，形成一个新的奇点 [35]。

上述"时间周期"是一种统称，不同文化的神话、创世故事中都有它的身影。我们曾提到过，尼采用它来检验人的生命质量，你愿意在永恒的时间中不断重复自己的生活吗？有人可能认为这会导致一种徒劳无益的存在——一种永生，但确实是更荒谬的永生。在《存在与时间》[36] 一书中，海德格尔也提出，时间是我们存在的意义。世界存在了亿万年，方迎来我们，而我们只是暂时性的存在。这个世界有既定的历史、宗教和文化（相当于"前世"），我们悠闲度日存活于世。我们可能会组建家庭、发展事业、建造房屋，在此过程中，我们把自己置于某种通往未来的轨道上。但是，无论完结还是未竟，项目有尽头，万事有终点，这就是我们的死亡，即海德格尔所说的"向死而生"[37]。然而，我们过分沉迷于消遣和娱乐，以至于忘记自己的追求有一个最外在的限制，海德格尔说，这时，我们过着不真实的生活。直到我们把自己的生活投射到死亡的地平线上，才能找到生活的真谛 [38]。至于是否要超越谢弗勒的"集体来世论"，我把它留给你们自己思考。下一章将讨论不真实的另一个方面，它与塞涅卡提出的挥霍时间问题更相关，即我们并不倾向于做理性利益最大化的事情。

注　释

[1]　罗杰·彭罗斯（Roger Penrose，1931—　），爵士，英国数学物理学家、哲学家，诺贝尔物理学奖获得者，英国皇家学会院士，牛津大学劳斯·鲍尔数学系荣休教授。主要从事广义相对论、量子力学等数学物理领域的研究工作，也涉及科学哲学以及科普相关的工作。他在黑洞奇点方面的研究最为人所知，此外他还提出扭量理论、宇宙监督假设、彭罗斯镶嵌等理论。

[2]　比尔·希克斯（Bill Hicks，1961—1994），美国喜剧表演家，被列为20世纪伟大的喜剧演员。主要作品包括《比尔·希克斯的故事》《比尔·希克斯：单口喜剧夜》等。

[3]　比尔·希克斯：《明白人》（*Sane Man*），Rykodisk，1989年。

[4]　艾伦·韦斯曼（Alan Weisman），美国屡获殊荣的新闻记者、作家，曾在《哈珀斯》《纽约时报》《大西洋月刊》《发现》及美国国家公共电台等多家媒体上发表文章，担任过

《洛杉矶时报》的特约编辑。主要著作有《没有我们的世界》《加维奥塔斯：改变世界的村庄》《美墨边境》等。

［5］ 艾伦·韦斯曼：《没有我们的世界》（*The World Without Us*），伦敦：维珍图书公司，2008 年。

［6］ 有两个研究机构正在研究这种全球灾难性事件的风险（这种风险被称为"存在性"风险）：剑桥存在性风险研究中心［由我的老同事休·普赖斯（Huw Price）与马丁·里斯（Martin Rees）勋爵和 Skype 开发者雅安·塔林（Jaan Tallinn）共同创建］和人类未来研究所［由尼克·博斯特罗姆（Nick Bostrom）创建］。这些机构有大量关于此类风险性质的文献，非常值得一看。

［7］ 斯蒂芬·埃莫特（Stephen Emmott）：《一百亿》（*Ten Billion*），伦敦：企鹅出版社，2013 年，第 199 页。该书出版后，埃莫特似乎与比尔·希克斯遥相呼应，谈到了"人类瘟疫"的问题。

［8］ 保罗·埃利希和安妮·埃利希夫妇（Paul R. Ehrlich / Anne Ehrlich），美国人口生态学家。主要著作有《人口炸弹》《人类天性基因、文化与人类的未来》《灭绝》《背叛科学与理性》等。

［9］ 新马尔萨斯主义（neo-Malthusian）是以马尔萨斯人口学说为理论基础，但主张实行避孕以节制生育来限制人

口增长的人口理论。新马尔萨斯主义的奠基者包括英国社会
活动家普莱斯、卡莱尔、德赖斯代尔等。

　　［10］保罗·埃利希和安妮·埃利希：《人口爆炸》，纽
约：百龄坛出版社，1968年。查尔斯·曼恩（Charles Mann）
的《巫师与先知：两种环保科学观如何帮助人类应对生态危
机》（纽约：美国维塔奇书局，2019年）一书很好地阐述了
更深层次的历史。

　　译者注：查尔斯·曼恩，美国国家学院科学传播奖得主，
科学记者，为《大西洋月刊》《科学》《连线》《财富》《纽
约时报》《史密森尼》《名利场》《华盛顿邮报》供稿，还为
HBO电视台的连续剧《法律与秩序》撰写过脚本。

　　［11］塞缪尔·谢弗勒（Samuel Scheffler），美国当代重
要的伦理学家，美国艺术与科学院院士。主要研究政治与道
德哲学，师从著名哲学家托马斯·纳格尔（Thomas Nagel）。
主要著作有《边界与忠诚》等。

　　［12］塞缪尔·谢弗勒在《死亡与来世》（*In Death and
the Afterlife*，牛津：牛津大学出版社，2013年）一书中展开
了相关描述。

　　［13］直觉泵（intuition pump）一词由哲学家丹尼
尔·丹尼特（Daniel Dennett）提出，意指"在思维实验中通
过不同变量来激发系列直觉的工具"。一般而言，直觉泵并不

是驱动发现创造的引擎，而是说服或教育的工具——一种使别人采用与你相同的方式思考的方法。

［14］布鲁斯·威利斯（Bruce Willis，1955—　　），美国演员、制片人、歌手，美国金球奖、艾美奖最佳男主角，曾被美国《娱乐周刊》评选为"影史 25 大动作英雄"第一名。主要作品有《第五元素》《敢死队》《虎胆龙威》《蓝色月光侦探社》《第六感》等。

［15］P.D. 詹姆斯（P.D.James，1920—2014）英国作家，被誉为"当代推理小说女王"，曾担任英国作家协会主席、艺术委员会文化片区主席、布克文学奖评委主席。曾获得推理小说界的两大最高奖项——"钻石匕首奖"和"大师奖"，是为数不多的同时拿下两项大奖的作家之一。此外，她也是继柯南·道尔、阿加莎·克里斯蒂后，被请进"国际犯罪小说名人堂"的第三位作家。一生写了 20 本书，塑造了亚当·达格利什和科迪莉亚·格雷两个著名人物，其中达格利什是与夏洛克·福尔摩斯齐名的大侦探，科迪莉亚·格雷是推理小说史上著名的女侦探。主要著作有《一份不适合女人的工作》《护士学院杀人事件》《人类之子》《谋杀之心》《教堂谋杀案》等。

［16］P.D. 詹姆斯：《人类之子》（*The Children of Men*），伦敦：费伯与费伯出版社，1992 年。

［17］　超大质量黑洞（supermassive black hole）是一种黑洞的类型，其质量介于 100 万倍至 100 亿倍太阳质量之间。通常认为包括银河系在内的所有星系的中心，都存在一个或数个超大质量黑洞。

［18］《安妮·霍尔》（*Annie Hall*），由伍迪·艾伦（Woody Allen）执导（联美公司，1977 年）。

译者注：伍迪·艾伦（1935—　），美国电影导演、演员，戏剧和电影剧作家，爵士乐单簧管演奏家，美国艺术文学院荣誉成员。曾获第 84 届奥斯卡最佳原创剧本奖、第 59 届奥斯卡最佳原创剧本奖、第 50 届奥斯卡最佳原创剧本奖、第 50 届奥斯卡最佳导演奖等。主要作品有《午夜巴黎》《汉娜姐妹》《安妮·霍尔》《爱与罪》《我心深处》等。

［19］　参见威廉·詹姆斯的《生命有必要活下去吗？》。1895 年，这篇演讲发表于哈佛基督教青年会，远早于"乡下人"乐队出道，所以我很确定詹姆斯没有为"乡下人"的 *Y-M-C-A* 这首歌曲跳舞。

译者注："乡下人"（Village People）是创建于 1977 年的美国男子演唱组合。成员分别装扮成警官、印第安酋长、建筑工人、士兵、摩托车手和牛仔。代表唱片 *Good Times*，*Soshit*，*Rose Royce III: Strikes Again!* 等。*Y-M-C-A* 是"乡下人"乐队的代表作之一，收录在 1980 年发行的专辑 *Can't*

Stop the Music 当中。这首单曲在 1979 年公告牌百强单曲榜榜单中最高排名第二。歌曲中的标志性集体舞蹈动作是双手高高举过头顶（Y）、双手弯曲置于双肩（M）、双手向右（C）、双手面前交叉（A）。

［20］ 托马斯·内格尔（Thomas Nagel），美国哲学家，曾被美国教育网站 The Best Schools 选为全球 50 位最具影响力的健在哲学家之一。主要著作有《利他主义的可能性》《人的问题》《理性的权威》等。

［21］ 见托马斯·内格尔的《荒诞之事》（"The Absurd"），《哲学杂志》第 20 期，第 68 卷，1971 年，第 716-727 页。

［22］ 阿尔贝·加缪（Albert Camus，1913—1960），法国作家、哲学家、剧家、评论家，存在主义（有争议）文学、"荒诞哲学"的代表人物。1957 年获得诺贝尔文学奖。主要著作有《局外人》《鼠疫》《西西弗斯神话》《加缪手记》《快乐的死》等。

［23］ 摘自阿尔贝·加缪《西西弗斯神话及其他散文》（*The Myth of Sisyphus and Other Essays*），贾斯汀·奥布莱恩译，纽约：亚飞诺普出版社，1955 年，第 21 页和第 28 页。另见罗伯特·扎勒特斯基（Robert Zaretsky）：《不负此生：阿尔贝·加缪和对意义的探寻》（*A Life Worth Living: Albert Camus and the Quest for Meaning*），马萨诸塞州剑桥：哈佛

大学出版社，2016 年。

　　译者注：罗伯特·扎勒特斯基，法国历史学家、休斯顿大学人文学教授，研究领域为 18 世纪启蒙运动，在加缪研究界有一席之地。主要著作有《不负此生：阿尔贝·加缪和对意义的探寻》《哲学家之争：卢梭、休谟和人类理解的局限》《尼姆战争》等。

　　[24]　参见弗里德里希·尼采的《快乐的科学》，伯纳德·威廉斯主编，约瑟芬·瑙霍夫译，剑桥：剑桥大学出版社，2001 年。

　　[25]　让－保罗·萨特（Jean-Paul Sartre）：《存在主义是一种人道主义》（*Existentialism Is a Humanism*），卡萝尔·麦康伯译，约翰·库萨克编，康涅狄格州纽黑文：耶鲁大学出版社，2007 年，第 7 页。

　　译者注：让－保罗·萨特（1905—1980），法国 20 世纪最重要的哲学家之一，法国无神论存在主义的主要代表人物，西方社会主义最积极的倡导者之一，一生中拒绝接受任何奖项，包括 1964 年的诺贝尔文学奖，反对"冷战"。他也是优秀的文学家、戏剧家、评论家和社会活动家，与波伏娃的爱情也被人津津乐道。主要著作有《存在与虚无》《存在主义是一种人道主义》《恶心》《他人就是地狱》《死无葬身之地》等。

［26］ 谢弗勒：《死亡与来生》(*Death and the Afterlife*)，第 44 页。威廉·詹姆斯（William James）写道："生命的最大用途就是将它用于超越生命本身。"（《致 W. 卢托斯拉夫斯基》），1900 年 11 月 13 日，转引自《威廉·詹姆斯的思想和特质》，佩里·巴顿编，牛津：牛津大学出版社，1935 年，第 237 页。当然，遗产需要监护人来管理。

译者注：佩里·巴顿，美国哲学家、新实在论者，曾被选为美国哲学学会东部分会主席。佩里的著作甚多，涉及哲学、科学、艺术、宗教等各个领域，主要著作有《自我中心的困境》《实在论的独立性理论》《现代哲学倾向》《一般价值论》《威廉·詹姆斯的思想和特质》等。

［27］ 蒙古症（mongolism），一种先天性畸形病症，表现为扁平额、斜眼、小指头短等。1866 年，约翰·朗顿·唐率先描述唐氏综合征的症状，将研究对象称作蒙古愚型，因为他们的眼睛略显歪斜，面容有些像蒙古人。

［28］ 唐氏综合征（Down's syndrome），先天愚型智能低下，又称伸舌样痴呆或 21 三体综合征。原名蒙古症，20 世纪 30 年代，莱昂内尔·彭罗斯挑战了这种说法。他通过血液化验证明唐氏综合征患者的基因与亚洲人无关，而是与其他白人有关。彭罗斯还证明导致唐氏综合征的最主要风险因素是产妇的年龄，35 岁是发病风险激增的门槛。

　　[29]　埃舍尔（M.C.Escher，全名 Maurits Cornelis Escher），
荷兰图形艺术家，他以其源自数学灵感的木刻、版画等作品
而闻名。主要作品有《瀑布》《楼梯房间》等。

　　[30]　彭罗斯阶梯（Penrose stairs），一个有名的几何学
悖论，指的是一个始终向上或向下但却走不到头的阶梯，可
以被视为彭罗斯三角形的一个变体，在此阶梯上永远无法找
到最高的一点或者最低的一点。

　　[31]　莱昂内尔·彭罗斯（Lionel Penrose）和罗杰·彭
罗斯：《不可能的物体：一种特殊类型的视觉错觉》，《英国心
理学杂志》第 49 期，第 1 卷，1958 年，第 31-33 页。罗杰
的两个兄弟和一个妹妹也颇有成就，一个是遗传学家，一个
是国际象棋大师，另一个是物理学家。罗杰·彭罗斯自己也
声名远播。莱昂内尔·彭罗斯和他的兄弟（罗杰的叔叔）罗
兰都与布鲁姆斯伯里团体（the bloomsbury group）有联系。
罗兰是一位超现实主义艺术家，曾与摄影师李·米勒（Lee
Miller）有过一段婚姻，米勒曾是曼·雷的缪斯女神。

　　译者注：莱昂内尔·彭罗斯（1898—1972），英国知名的
遗传学专家、精神病学专家、儿科医生、数学家、国际象棋
理论家，1960 年拉斯克医学奖得主。雪莉·彭罗斯（Shirley
Penrose），莱昂内尔·彭罗斯之女。婚后改了夫姓，现在叫雪
莉·霍奇森（Shirley Hodgson），英国知名的医学科学家、遗

传学家，英国皇家医学院院士，英国皇家生物学会院士。乔纳森·彭罗斯（Jonathan Penrose），国际象棋大师，莱昂内尔·彭罗斯之子。1958年至1969年间赢得10次英国国际象棋锦标赛冠军，1961年赢得国际大师赛冠军。1993年，他被国际棋联授予特级大师称号。奥利弗·彭罗斯（Oliver Penrose），理论物理学家，莱昂内尔·彭罗斯之子。以非对角长程序的概念而闻名，是当今理解超流体和超导体的核心，他的研究还覆盖更抽象的时间理解和量子力学。罗兰·彭罗斯（Roland Penrose），爵士，英国知名的艺术家、历史学家和诗人。布鲁姆斯伯里团体是20世纪初英国一个号称"无限灵感，无限激情，无限才华"的知识分子小团体。其实成员并不多，最初成立时有点像剑桥同学会，只是一帮交情好的朋友在一起吃喝。但因为他们中有画家、艺术家、作家、历史学家、经济学家，且是现今鼎鼎大名的人物，故很多传记家在研究该团体。伊丽莎白·李·米勒（Lee Miller，1907—1977），美国摄影师。20世纪20年代，她在纽约市担任时装模特，之后前往巴黎，成为时尚和美术摄影师。第二次世界大战期间，她是 *VOGUE* 的战地记者，首批获得美国陆军认可的战地女记者之一，记录了伦敦闪电战、巴黎的解放、圣马洛和布痕瓦尔德以及达豪集中营的围困。曼·雷（Man Ray，1890—1976），原名伊曼纽尔·拉德尼茨基（Emmanuel

Radnitzky），美国达达艺术的奠基者，超现实主义艺术家，擅长绘画、电影、雕刻和摄影。他是美国第一批抽象画家之一，挑战并扩张摄影的本质，使用中途曝光、实物投影法等暗房技巧与实验手法，让摄影成为一种艺术表达形式，广泛地影响了 20 世纪后的艺术创作。1999 年，艺术新闻杂志将曼·雷评为 20 世纪最有影响力的 25 位艺术家之一。1929 年，李·米勒移居巴黎，成为曼·雷的助手和情人，他们一起创作了自己职业生涯中一些最重要的作品，包括在曼·雷的暗室中重新发现日晒技术，而李·米勒成为超现实主义艺术家和摄影师，之后回到纽约经营自己的工作室，为 VOGUE 杂志拍摄肖像、修饰照片和写社论。

[32] 这一观点可以在罗杰·彭罗斯的第一本书《皇帝新脑》（The Emperor's New Mind，牛津：牛津大学出版社，1989 年）中找到。

[33] 阿尔伯特·爱因斯坦（Albert Einstein，1879—1955），美国和瑞士双国籍犹太裔物理学家。他提出光子假设，成功解释了光电效应，并因此获得 1921 年诺贝尔物理学奖，创立狭义相对论、广义相对论。爱因斯坦开创了现代科学技术新纪元，被公认为继伽利略、牛顿之后最伟大的物理学家，也是批判学派科学哲学思想之集大成者和发扬光大者。他被美国《时代周刊》评选为 20 世纪的"世纪伟人"。

［34］ 阿尔伯特·爱因斯坦于1905年在《论动体的电动力学》中提出了两条基本原理：狭义相对性原理和光速不变原理，并据此建立了狭义相对论。狭义相对论将时间和空间与观测者视为一个不可分割的整体。相对杆和钟分别静止和匀速运动的观测者，在测量同一根杆的长度以及比较同一个钟的快慢时会得出不同的结论，这一现象被称为"尺缩"和"钟慢"效应，它们是狭义相对论的必然后果。狭义相对论的核心是保证物理规律的协变性，它的数学表述是洛伦兹变换，几何语言是时空图。迄今为止，狭义相对论已经得到许多高精度实验的支持。

［35］ 细节很具技术性，但粗略地说，在没有大小标准的情况下，宇宙可以被缩小到与第4章提到的另一个初始周期中奇点相对应的大小（以此类推，直至无穷无尽）。彭罗斯在《宇宙的轮回》（Cycles of Time）（伦敦：博德利·黑德出版社，2010年）一书中介绍了该观点。

［36］ 马丁·海德格尔（Martin Heidegger）：《存在与时间》（Being and Time），琼·斯坦博译，纽约：纽约州立大学出版社，2010年。我很不愿意将该书列入继续阅读书目，因为这本书是尽人皆知的有史以来最难以理解的书之一。

译者注：马丁·海德格尔（1889—1976），德国哲学家，20世纪存在主义哲学的创始人和主要代表之一。曾担任弗莱堡大学校长，并曾参加纳粹党，但不能因此说他的哲学就是纳粹思想的反映。据说 1927 年他为晋升教授职称，发表未完手稿《存在与时间》，这本书被送到教育部审查时，部长的评语是"不合格"。但这本书后来成为 20 世纪最重要的哲学著作之一。主要著作包括《存在与时间》《形而上学导论》《林中路》《在通向语言的途中》《人，诗意地安居》等。

［37］同上

［38］同上。萨特在其《存在与虚无》（萨拉·里奇蒙德译，纽约：华盛顿四方出版社，2021 年）一书中认为，事实上，死亡给充满意义的生命带来问题：它以前面讨论的方式使生命变得荒谬。

译者注：死亡实际上给充满意义的生命带来问题，它使生命变得像前面讨论过的那样没有存在的理由。在这一点上，萨特对海德格尔的《存在与时间》做出了回应，在本书中，他提出的观点与我所主张的观点类似，即意义与死亡之间具有密切的联系。萨特捍卫的是通过创造获得生命意义的观点，而海德格尔则是从有限条件下开展的活动中获得意义。

时间的问题

诚然，我们拥有时间，但并不适合从长计议。

——菲利普·拉金《回溯》[1]

　　人类，很可能还有动物，都为我所说的"时间之病"所困扰。时间之病是指随着时间流逝，与自我身份相关的一些行为（即你对过去和未来自我的感觉）会产生消极结果。例如，你对未来的自己更好或更坏，取决于你与未来的密切程度。这与你对他人一样，态度取决于你与他们的密切程度。总的来说，因为我们跟亲属的关系更密切，对亲属比对陌生人更好，我们有亲属偏好。

　　一般来说，目睹一个急需医疗救助的人流血，你无疑会施以援手。其实世界各地需要帮助的人比比皆是，但因与我们天各一方，所以只能默默承受病痛。我们有距离偏好。

　　实践中，无论是否合理，距离要素确实很重要，时间距离也毫无二致。我们的确不适合从长计议。对于时间，我们有就近偏好。一般来说，相较5年后的自己，我们更偏爱当下或者5秒钟后的自己。事实上，我们可以说有另一种时间事件视界，即一种时间边界，对处于时间边界外的未来自己，我们视而不见，因为整个事情变得太过抽象，已无法指导当下的行为。对于时间事件视界的位置，每个人的标准大相径庭，但在某种程度上，生活的各种不确定性导致未来如雾里看花，因而视界的存在倒也顺理成章。

在个人层面（事关一个人），这种时间的短视性显然会导致灾难性的后果，如暴饮暴食、过度消费、滥用药物以及层出不穷的冒险行为导致或早或晚出现的问题，如肥胖、贫穷、成瘾、意外怀孕等。这种割裂感使个体无法对未来的自我产生共情，也无法意识他们搬起现在的石头，却砸了未来自己的脚。他们纯属作茧自缚。

在集体层面，这种行为导致气候危机和人口危机。相较未来的人口健康，人们更倾向于选择短期利益，如价格更低、更易使用的燃料，即使这会导致包括做出这一选择的人在内的所有人类陷入危机。这些全球性问题中，有些仅仅是微不足道的个人行为集体化以后的结果，如不愿意利用回收物品或使用避孕措施。

经济行为中出现的问题是商品如何随时间分配。你选定付款方式（如一次性付款还是分期付款），确认要购买能使用多久的商品（可能是如何挣到购买这些商品的钱，或者人一整个星期吃多少蛋糕），以及收到商品的确切时间。我们并不擅长处理这类问题，似乎倾向于做出糟糕的选择。可以这样想：我们拥有一定的资源，如时间、金钱、精力等。如前所述，寸金难买寸光阴，所以我们面临着一个难题——如何在有限的光阴（即我们的一生）中分配这些资源。

- 我现在应该放松一下，然后再做些困难的工作？
- 我现在应该使用"油管"（即 YouTube）看一只猴子倒骑在猪身上的视频，还是做工作或准备演讲？[2]
- 我现在应该戒烟，还是享受吸烟带来的快乐？
- 我现在应该运动，还是躺在沙发上放松？
- 我应该多吃蔬菜，还是多吃巧克力？

这本质上就是塞涅卡在《论生命之短暂》中讨论的问题，相当于经济学中的时间选择问题。在一段时间内（这里指人的一生），我们该如何分配商品？塞涅卡的答案是，尽量在年轻时发愤图强、坚持不懈，以免晚年生活捉襟见肘、黯然神伤，方能拥有快乐的人生。

塞涅卡最关注的问题似乎是拖延，人们有时称它为"时间小偷"，这是一个明知该做却一拖再拖的例子。

还有什么比那些自诩有远见的人的态度更愚蠢的呢？他们负担沉重，忙忙碌碌，终生都在丰富生命，以活得更好。面对问题，他们从长计议，而拖延是对生命最大的挥霍。他们蹉跎一天，荒废百事，却又对未来信誓旦旦。殷殷期盼是生活的最大绊脚石，它让人依赖明天，却挥霍今天。你把命运之神手中的东西安排得明明白白，却把自己手中的东西丢得干干净净。你在期盼什么？你的目标是什么？未来的一切都充满着不确定性。活在当下！[3]

不过，我们在此需要注意：塞涅卡指的是人们为了更好地生活而忙忙碌碌并推迟享乐，导致一生都在为生活做准备！但是，这句话在我们现代人听来，却并不完全正确。塞涅卡，你说不要延误享受人生？呃，好吧。这已经实现。这似乎是斯多葛学派独有的问题。如果在塞涅卡时代，事情确实这样，那么作为一个物种，我们已经严重落后了。现在，我们所面临的，并不是过度追求延迟享乐的思想，恰恰相反，这种想法已缺失。

　　事实上，这是一个非常古老的话题，可以追溯到塞涅卡之前的时代。希腊哲学家把缺乏自控的现象（从本质上说，是选择了长期不快乐）称为"阿克拉西亚"（发音来自希腊语，即缺乏控制）。[4] 我们可以在荷马史诗中找到这一观点，奥德修斯为了抵挡塞壬歌声的诱惑，把自己绑在船桅上。我们中的许多人都发现，自己也会不得已采取类似举措，避免误入歧途。例如国家的养老保险就具有强制性，得从你的工资中扣除一部分，直接存入社保个人账户，本质上就是政府把你绑到船桅上，避免你过早消费以致晚年衣食无着。[5]

　　牛津大学有一位卓尔不群的哲学家，也是一名纯粹的思想家，名叫德里克·帕菲特 [6]。他将一生中的大部分时间都用来研究我们对他人和自己的道德责任。尤其在未来的自我方面，他认为关联性最为重要：

　　　　我对未来的自我的关注，可能与现在的我和未来的我之间的关联性有关。只有两个理由能让我异乎寻常地关注未来的自己，关联性就是其中之一。当关心的理由减弱时，关心随着减少也很合理。由于时间变长则关联性变弱，故而我可以顺理成章地不太关心自己的未来。[7]

换句话说，如果关联性至关重要，那么因时间距离因素而减少对未来的关注则很合理。帕菲特在书中写到，一个小男孩开始吸烟，他知道但却毫不在意这可能让50年后的他愁肠百结。正如他所指出的，这个男孩并不将现在的自我与未来的自我视为同一个人，而将后者视为陌路。那么，从这个角度来看，为什么不可以抽烟呢？这可能让你感到讶异。一个人通常会关心自己未来的生活，因为那是他自己的生活，而非某个陌生人的生活。

也许，我们应该干脆停止谈论过去和未来的自己，而只说"我"。即使"未来的我"也比"未来的自己"要好一些，后者意味着一个独立的存在，这属于多重性而非统一性。帕菲特表达这个问题的方式本身，就像许多其他人那样，包含了多重自我的概念，这些自我在不同程度上互相重叠，有时微小到足以让人联想到竞争。溯本求源，这恰恰导致社会中的更大问题。如果不激发我们对未来的美好憧憬，就无法接受这种关联，这对后代，包括那些非我们血缘的后代，都有百害而无一益。

然而，他所说的我们视未来的自我如陌路则完全正确。

事实上，许多实证研究似乎都证实了帕菲特的观点。社会心理学家哈尔·赫斯菲尔德[8]利用 MRI 神经成像技术，观察人在做出"自我"与"他人"判断时的大脑动态。[9]人们发现，不同于思考当前的自己，大脑在思考陌生人和遥远未来的自己时动态如出一辙。帕菲特认为，我们可以把这句话理解为，我们应该在生活中赋予陌生人更多重要性。但我认为，我们需要制定一些策略，赋予自己的未来更大意义。换句话说，我认为我们用看待陌生人的方式看待未来的自己是个问题，当然这需要寻找到增加未来和现在自我的关联性的方法，而帕菲特则认为这是伦理观点的基础：

当我相信个体身份最重要时，我似乎在画地为牢。我仿佛生活在一条玻璃隧道中，开启了加速度般越过越快，但隧道的尽头却是漆黑一团。而当我改变看法，玻璃隧道的墙壁瞬时土崩瓦解，现在我生活于旷野中。和别人比，生活还有差别，但这种差别在日益减少，其他人离我更近，我也不再过分关注自己的余生，转而更关注别人的生活。当我相信个体身份最重要时，我会更关注自我宿命般的死亡，死后，我将从这世界消失。现在我可以重新描述这一事实：虽然以后会有很多生活经历，但这些经历都不会像经验记忆或先前意图那样，通过直接关联与当前经历联系起来。[10]

这与谢弗勒的"来世"有异曲同工之妙。如果我与未来的自我的联系只是众多关联之一，那切断这种关联则不足为奇。再说一遍，我认为这是一种糟糕的思考方式，它太消极。"玻璃隧道"的概念凸显了帕菲特所持有的时间观，即如果一个人不是自己未来的积极参与者，也就不是宇宙未来的参与者。

未来越遥远，我们对未来的自己就越麻木不仁，这一观点也构成了经济理论的核心部分。在经济学中，它被称为"时间（或延迟）贴现"，人类有一种明显的对未来贴现的倾向，他们这样做的方式遵循着普适性规律。用专业术语来表述，即我们是"双曲线"折现（因此，随着时间距离的增加，事件的权重就像双曲线一样下降）。以我这类学者为例，典型的例子就是申报了各种各样的项目，这些项目的截止日期似乎遥遥无期，但当截止时间最终到来时，却发现自己忙得火烧眉毛。我们现在不会关心未来的自己将经历什么样的人仰马翻，但部分年长的、精明能干的学者会从错误中吸取教训，记住以前的糟糕经历，记住不能对这么多事情说"好"。应该尽早把时间经济学教授给学生们，因为学生们特别倾向于把工作留到最后一分钟，以便先享受当下，比如"躺平"！帕菲特的观点可能极具洞察力，但对解决这种情况却于事无补。

如果一个人能够更直观地感受到自己此刻的选择所造就的未来，那他的行为无疑会截然不同。如果此时此刻，我们的行动对未来有牵一发而动全身的作用，那么我们就会消除时间距离偏好，距离不再那么重要，因为未来的某种事物能对当前行为产生影响，就像牛顿时代概念化万有引力，也类似于工程师在远处控制机器人。有趣的是，物理学家戴维·玻姆 [11] 因与克里希那穆提 [12] 等人的会面而在物理学界之外也声名鹊起，他提出跟其他人类似的观点：将我们与他人割裂开（不同的人、不同的自我）会导致问题。如果我们是不可分割的整体，那么他们即我们，我们对他们做的任何有害的事情都是"搬起石头砸自己的脚"，就像对未来的自己一样。尽管玻姆是一位杰出的物理学家，但对一些读者来说，这段话可能过于抽象，让我们试着说得具体一些。[13]

很简单，如果一个人能亲眼看到更苗条、更快乐、更积极的未来的自己，而这个自己源于健康饮食，那这个人将立刻投身健康饮食之中。但问题在于，结果有延迟性，即更苗条、更快乐的你这一结果并非一蹴而就，存在时间距离。在此期间，我们只能改变自我达到预期结果，这是必经之路，毫无捷径可言。如果行为产生的不良后果立竿见影，你肯定不会去做，比如立刻患肺病，或立刻产生蛀牙等。当然，就饮酒而言，尽管饮酒过程本身会消耗意志力，但一个晚上的时间距离仍足以阻止我们烂醉如泥。我们需要自己的儒勒·凡尔纳[14]望远镜，让自己直接所见即所得，清晰了解未来，以及现在的行为如何改变未来。然而，在某种程度上，我们正是以现在的自我存在着，过去自我的行为决定现在的自我，其中有些决定导致积极的结果，有些则导致消极的结果。我们可以看到自己过去所做的各种决定导致的结果——显然，还有一些外部因素叠加影响着结果。但在很大程度上，只要勇往直前，若非过去的决定不尽如人意，那坚持不懈的努力将会缓解我们的困境。

从某种程度上说，解决我们的问题、治愈时间之病的方法是提高"心理时空旅行"的技能，即能多么好及多么远地想象自己的未来。这涉及对未来或可能的未来进行一种排练或试运行。[15]事实上，与上述 MRI 相关的研究结果表明，一个人能多么"生动"地看到未来的自己（即一个人能以这种方式向前旅行得多好），是预测违法行为（以及推广而之，预测功成名就）的一个极其强有力的指标。[16]更多的证据证明帕菲特的基本论点，即关联性很重要。但同样，我要说的是，有证据表明有希望实施干预举措，通过加强关联性来缓解问题，而不是单纯地接受关联性随着时间流逝而减弱。事实上，之前的研究正遵循着该思路，它向人们展示出电子生成的未来的自我，以便让人们与之建立更密切的关联。一般来说，我们需要使用大脑中负责思考自己的区域来思考未来的自己（如果我们必须以这种割裂的方式来表述的话），而不是将后者置于大脑中的"陌生人区域"。建立这种思考方式的办法就是重新调整概念，把现在的自己简单地看作过去自己的未来自己，我们就能轻而易举地把现在的自己投射至未来的自己。

也就是说，现在的自己，就是过去自己的未来自己！将未来的每一段时间与现在的一视同仁，因为它以后就是现在，也就是你的现在——这些表述很容易将人搞得头晕脑涨！可以用下图简单概括上述概念。

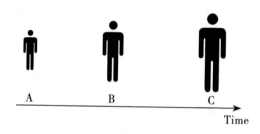

图 4.1

　　B 是 A 的未来，却是 C 的过去。B 现在的行为将决定 C。当然，C 过去的行为造就了他，所以 B 当前的行为决定了 C 和 C 的过去。同样，B 的现在也要感谢 A：B 是 A 未来的自己，而 A 的行为决定了 B 的过去。

　　让我们换个角度，谈谈与时间之病相关但相反的方面。为了保障未来的自己的利益，延迟满足确属事出有因，避免未来的自己被时间淘汰，所以我们应该接受延迟满足。已故的沃尔特·米歇尔 [17] 将其概括为"以后的棉花糖"。米歇尔的"棉花糖实验" [18] 揭示出生活在不同环境/背景的儿童，

面对棉花糖时采取的不同策略，这成为预测该儿童未来是否
犯罪或成功的有效指标。测试的设计得简单，现在给孩子们
一颗棉花糖，如果他们能等会儿再吃，就有机会得到两颗棉
花糖。这被解释为自我控制在起作用。但正如米歇尔观察到
的，在社会条件不稳定的情况下，儿童们会尽可能快地吃
掉棉花糖，这完全合理。米歇尔有生之年一直未放弃工作。
2015 年，我有幸邀请他参加一次关于本书所涉问题的会议。
给我留下深刻印象的是，他利用医院 X 光片制作出令人难以
置信、极具原创性的艺术作品，这是临终前几年他才开始从
事的工作。

　　因此，谨慎确属好事。我们已经看到，许多不可救药的
问题，都根源于这一简单却致命的时间之病——无法延迟满
足。但重温塞涅卡的观点，人们不应把这点发挥得淋漓尽致。
人不应活得过于踌躇满志，因为那并不是真正的生活，如何
保持平衡是一门艺术。我们的老朋友塞涅卡所言字字珠玑：

　　　　人们常听到这样的话："等 50 岁时我就退休赋闲，
　　等 60 岁时我就解甲归田。"但是，谁能保证你可活至耳

顺？谁能保证你按照自己设定的方案活下去呢？当你的
生命已至风烛残年，当你的时间已无法用于其他事情才
开始思考，你问心无愧吗？行将就木时，才准备开始真
正的生活已经为时太晚了！别忘了，人终有一死，把明
智的计划拖延到五六十岁时才开始实施，想在很少有人
能达到的日薄西山之年才开始生活，这是多么愚蠢的
行为！[19]

我得坦率地承认，从意气风发之时，我就陷入这个矛盾
的问题，我经常会牺牲当下和不久的将来的自己，以改善遥
远的未来的自己，当然我现在好多了。从我 10 多岁开始，我
就把这称为"未来的自己"（下一章我们将再次回顾这个话
题）。通过某种特定的行为方式，我可以帮助未来的自己减少
麻烦，让未来变得更美好。显而易见，这种想法对我来说绝
对是一种顿悟，在某些方面让我如鱼得水，但在另外一些方
面却非常糟糕，因为我在实践该方法时矫枉过正，现在仍在
恢复中（这本身就是第 7 章的主题）。

请允许我在此尴尬地坦白，我顿悟时，大约 12 岁，废寝

忘食地练习钢琴，练得指尖手指缝开裂，很快就颇有造诣，我试图从渺茫的前途中开辟出自己希冀的未来。我在 BBC 电视台的年度青年音乐家比赛中看到一首特别精湛的乐曲——米利·巴拉基列夫的《伊斯拉米》，我想演奏这首精妙绝伦的曲目，于是在真正识谱前就买入这首曲子的乐谱，并在两年内记牢，然后演奏出这首曲目。后来，我从音乐系转到哲学系，在床垫上放一把椅子，连续几天不眠不休地看书，最多时连续 5 天，以致自己出现幻觉和并陷入近乎精神分裂的梦境。为了让自己保持清醒，我不时摇晃椅子，在房间里四处张贴纸条提醒自己——"现在要多干活！"我孜孜不倦地追求让未来如我所愿（成为一名思想家，并以某种方式解决为什么有而不是没有的问题：适度的目标……），同时也让未来的自己尽可能免受困扰。现在回首往事，这真是一种病态的、令人震惊的怪异行为。

　　虽然它在某些方面行之有效，但我并不会推荐给未来的自己，它对现在的自己所做的，恰是我们试图避免对未来的自己所做的。不同于宋飞，现在的自己会为过去的自己感到难过，那么毫无疑问，未来的自己亦如出一辙：那家伙太过分了！正如约兰德·雅各比[20]（卡尔·荣格的学生之一）所说："生命的前半段实际上是因后半段的意义而度过。"[21] 将青春耗费在为以后做准备——其副作用可能是将后半段生命的意义逆转为前半段生命的意义，预示着真正的"中年危机"，即生活的转折点。[22]

1949 年卡尔·西格曼[23]和赫布·马吉德森[24]创作的歌曲《尽情享受吧！这比你希望的晚》，比我已知的哲学文献中任何其他例子都更能说明这个问题，甚至可以与塞涅卡媲美。

因此，肯定存在过度认同未来的自己或过度认同过去的自己的情况（比如严重创伤和闪回时）。然而，我认为塞涅卡夸大这一点——虽然如第 1 章所述，他的观点言之有理。但前面已经提到，在塞涅卡的时代，生命普遍更短暂、危如累卵，因此我们需要考虑的黄金岁月比塞涅卡时代更健康、更从容。荣格深度心理学有两极之说，我们反复发现，人生必须在两极间巧妙地保持平衡，睿智的塞内克斯（老人，代表理性睿智、矜持不苟、洞彻事理、诚惶诚恐）和轻率的普尔（少年，代表随心所欲、不可理喻、无拘无束、注重当下）。奇怪的是，尽管塞涅卡的名字有老人之义，但他本人性格显然更倾向于少年，因为少年具有及时行乐的性格——尽管只有当一个人在年轻时完成塞内克斯式的努力奋斗，才能拥有及时行乐的生活方式。因此，似乎应该颠倒过来，普尔式的生活与年轻人、塞内克斯式的生活与老年人才是更自然的匹配。

　　因此，这种特殊的时间之病涉及两个方面，过度关注现在的普尔式人格和过度关注未来的塞内克斯式人格，任何走极端的情况都非常糟糕。两者都以牺牲其他时间的某些方面为代价，进而专注于当下或未来。理想情况下，我们希望这两极能结合起来，培养全方位均衡发展的人，避免专注于某一时间的利益而忽略其他时间的利益。如果可能的话，我们应该为中年过渡做好准备，这样将减少很多破裂的婚姻。事实上，中年危机是我们讨论过的这类问题中的另一个时间之病，它源于人们意识到自己的未来存在边界（即死亡），并认为自己"最好的年华"已经逝去。鉴于此，任何"死气沉沉的生命"都想在为时已晚之前让自己为人所知。人们突然发现，自己对西格曼和马吉德森的歌词产生了强烈的共鸣。

　　因为很多时间理论潜移默化地影响着我们的行为方式，此处，我们面临着一些困难。大多数人都遵循着一种潜在的时间理论，如果你要求他们放弃，他们可能会照做，但行为还是会潜移默化地受这种理论指导。如果一个人相信未来"已真实存在"，就像现今流行于物理学家和哲学家中的块状宇宙图景（所有事件的过去、现在、未来都存在于一个四维块状宇宙中），我认为这是个可怕的错误，这会导致一个人想为未来努力奋斗时却感到力不从心，毕竟未来已经是板上钉钉的事情，一个人通往未来的自我的旅程就像帕菲特的玻璃隧道。它已然存在，是既成事实。

如果一个人相信未来尚未真实存在，相信可能性是宇宙的真实特征，那么他就会面临任何事情都可能发生的情况。但除非他能控制宇宙万物，否则在短暂的人生中，他很难为未来的自我奋斗，他"塑造未来"的路可能被各种预想不到的事情打断。在下一章中，我们将深入探讨"塑造未来"这一概念，并将其与荣格心理学中的"个体"的概念联系起来。"个体"指一个人在心理上变得完整的过程（从理解自己行为的驱动力的意义上）。毕竟，如果你不知道是什么在推进自己的行动，那么为未来的自己所做的一切都无济于事。

注　释

[1]　菲利普·拉金:《回溯》("Reference Back"),载于
《降灵节婚礼》(*The Whitsun Weddings*),伦敦:费伯诗歌出
版社,2010年,第47页。

[2]　猴子骑猪当然总会赢。

[3]　塞涅卡:《论生命之短暂》,第9节。

[4]　塞里奥尔·摩根(Seiriol Morgan)是我在利兹大学
(University of Leeds)的老同事,他在办公室挂了一块标牌:
"意志力薄弱研究所"。我一直希望自己能想到这个名字!

[5]　2010年10月10日,福克斯电视台播出了 *Money
Bart*,由南希·克鲁斯(Nancy Kruse)执导,编剧为蒂
姆·朗(Tim Long)。在剧中,霍默就玛吉对孩子们的担忧回
应道:"这是未来的霍默的问题!伙计,我才不羡慕那家伙
呢!"然后,他把伏特加倒进蛋黄酱里,把它们喝了下去!
稍后,我们还会提到《宋飞传》(*Seinfeld*),1993年9月30
日,哥伦比亚电影电视台播出该剧。剧中有一幕:"我从来没
有睡够过。我熬夜记住第4章的笔记,因为我是夜猫子。(笑
声)夜猫子喜欢熬夜。睡5个小时后起床怎么样?哦,那是
晨男的问题。不是我的问题,我是夜男。我想睡多晚就睡多
晚。所以你早上起来,打哈欠,筋疲力尽,昏昏沉沉,哦,

我讨厌那个夜男！看，夜猫子总是和早起的人搞在一起。晨男什么都做不了，唯一能做的就是经常睡过头，搞得丢了工作，晚上也没钱和人出去玩。"

〔6〕德里克·帕菲特（Derek Parfit，1942—2017），英国当代著名哲学家和伦理学家。他的探究方向为人格同一性、理性、伦理等课题。他被普遍认为是 20 世纪末和 21 世纪初最重要和最有影响力的伦理学家之一。由于他在人格同一性概念、关怀世代正义和对道德理论结构的分析方面作出了突破性贡献，被授予 2014 年罗尔夫·肖克（Rolf Schock）奖。主要著作有《理与人》《人格同一性》《理和动机》《论规范》《论重要之重要》等。

〔7〕德里克·帕菲特：《理与人》（*Reasons and Persons*）牛津：牛津大学出版社，1988 年，第 313 页。

〔8〕哈尔·赫斯菲尔德（Hal Hershfield），加州大学洛杉矶分校安德森管理学院市场营销、行为决策和心理学教授和该学院顾问委员会任期主席，为《纽约时报》《哈佛商业评论》《华尔街日报》等多家媒体撰写专栏文章。

〔9〕哈尔·赫斯菲尔德的原始论文是《为未来的自我储蓄：神经测量、自我连续性、预测、时间折扣》，《社会认知与情感神经科学》第 1 期，2009 年，第 85-92 页。他在 TED 的演讲《我们如何帮助未来的自己？》（"How Can We Help Our

Future Selves?"）中提出了许多问题。

[10]　德里克·帕菲特：《理与人》（*Reasons and Persons*），第 281 页。

[11]　戴维·玻姆（David Bohm，1917—1992），当代著名量子物理学家和科学思想家。他以反潮流的大无畏精神和严谨求实的科学态度向玻尔创立的量子力学正统观点提出了挑战，同时致力于量子理论的新解释。主要著作有《整体性与隐缠序》《论对话》《超越时空》《现代物理学中的因果性与机遇》《论创造力》等。

[12]　吉杜·克里希那穆提（Jiddu Krishnamurti，1895—1986），印度哲学家。他是近代第一位用通俗语言向西方全面深入阐述东方哲学智慧的印度哲学家，被印度及当代佛学界视为现代龙树再来及当代的涅槃阿罗汉。主要著作有《爱与思》《般若之旅》《从破碎到完整》《单纯的品质》《当教育成为束缚》等。

[13]　如果你想深入了解这方面内容，可以读玻姆与巴兹尔·希利（Basil Hiley）合著的《不可分割的宇宙：量子理论的本体论解释》（*The Undivided Universe: An Ontological Interpretation of Quantum Theory*），伦敦：劳特利奇出版社，1993 年。

[14]　儒勒·凡尔纳（Jules Verne，1828—1905），19 世

纪法国小说家、剧作家及诗人。他的作品对科幻文学有着重要影响，他与赫伯特·乔治·威尔斯一道，被称作"科幻小说之父"，他还被誉为"科学时代的预言家"。主要著作有三部曲：《格兰特船长的儿女》《海底两万里》《神秘岛》，以及《气球上的五星期》《地心游记》等。

[15]　理论最初基于"心理时空旅行"在生存中的作用（即进化优势），由爱沙尼亚心理学家恩德尔·托尔文（Endel Tulving）在其著作《情景记忆的要素》（*Elements of Episodic Memory*，牛津：牛津大学出版社，1985 年）中提出。相关的讨论可见丹·福尔克（Dan Falk）的《探索时间之谜》（*In Search of Time*），曼哈顿：格里芬出版社，2010 年。

译者注 1：恩德尔·托尔文（1927—2023），认知心理学家，以研究人类记忆而闻名。他将长时记忆分为情景记忆和语义记忆，并认为记忆的存储和提取是两个彼此独立的功能。1983 年获美国心理学会颁发的杰出科学贡献奖。

译者注 2：丹·福尔克，科学专栏作家，曾获得美国物理学会的"物理学及天文学科学写作奖"。2002 年，其第一本书《T 恤上的宇宙》获得加拿大科学写作人协会颁发的"大众科学新闻写作奖"。其作品散见于各种报刊，其也定期为加拿大广播公司的经典栏目《好点子》和《怪怪与夸克》节目撰稿。

［16］　参见让－路易·范盖尔德、哈尔·赫斯菲尔德和洛伦·诺德格伦（Jean-Louis van Gelder, Hal Hershfield and Loren Nordgren）：《未来自我犯罪的形象预测》（"Vividness of the Future Self Predicts Delinquency"），《心理科学》第 24 期，第 6 卷，2013 年。作者谈到与未来的自己"交朋友"，这是一种接近他的方法，并似乎会产生很好的结果。我倾向于一种更自然的方法，即把这种关系看作是一种身份而非友谊，统一而非多样。你可能比自己更关心你的朋友，所以身份具有更强的关联性。

［17］　沃尔特·米歇尔（Walter Mischel, 1930—2018），美国著名人格心理学家，棉花糖实验之父。他提出了人格的认知——情感系统理论。因对自控力、延迟满足、意志力的研究，米歇尔于 1978 年获得美国心理学会临床心理学组"杰出科学贡献奖"，该奖项于 1982 年再度颁给米歇尔。2002 年出版的《普通心理学评论》将米歇尔列为 20 世纪第 25 位被引用最多的心理学家。主要著作有《棉花糖实验：自控力养成圣经》《延迟满足》等。

［18］　参见沃尔特·米歇尔的《棉花糖实验：自控力养成圣经》（The Marshmallow Test: Understanding Self-Control and How to Master It），伦敦：Corgie Adult，2015 年。

［19］　塞涅卡：《论时间之短暂》，第 3 节。

［20］约兰德·雅各比（Jolande Jacobi），匈牙利著名心理学家，荣格的长期助手，曾担任奥地利文化协会副主席。主要著作有《荣格心理学》《荣格心理学中的情结、原型和象征》《个性形成之路》《女性问题和婚姻问题》《画面丰富的心灵，通往自我的道路和弯路》等。

［21］约兰德·雅各比：《个性形成之路》(*The Way of Individuation*)，纽约：Plume 出版社，1983 年，第 26 页。

［22］关于中年这一特点的绝佳讨论是基兰·塞提亚（Kieran Setiya）的《中年：哲学指南》(*Midlife: A Philosophical Guide*)，新泽西州普林斯顿：普林斯顿大学出版社，2017 年。

［23］卡尔·西格曼（Carl Sigman，1909—2000），美国音乐家。主要作品有电影《爱情故事》同名主题曲等。

［24］赫布·马吉德森（Herb Magidson），美国音乐家。其作品《柳暗花明》获第 7 届奥斯卡金像奖最佳原创歌曲。

投射我

每时每刻，我都在用凿子塑造自己的命运。我是自己灵魂的木匠。

——哲拉鲁丁·鲁米《鲁米：在挚爱的怀中》[1]

人只不过是自己的投射。

——让－保罗·萨特《存在主义是一种人道主义》[2]

　　表面上看，"投射我"可能意味着彻头彻尾的自恋，但这与我在此表达的意思大相径庭。我的意思是，一个人必须从根本上肩负起对生活的责任，向内求索，探究心灵，分析驱动行为的因素。"投射我"有两重含义：（1）让自己为未来创造性地努力。（2）承认自己对世界和他人无意识地投射，包括投射一个虚假的自我供自己认识；弄清楚自己在投射什么——否则你面对的不是世界，而是世界（以及该世界中的人们）在你内心中的印象，这个世界却又被你内心的包袱所拖累。因此，本章既涉及你对未来肩负的责任，也涉及创造一个与自身性格相符的真实的未来。

　　在上一章中，我提到自己约12岁时的一次顿悟，它彻底改变了我的生活。简而言之，我现在可以做一些事情，为未来的我（如果我们想用这种方式论述）省去很多麻烦、工作或压力。只要我采取适当的行动，就能避免懊悔没有做一些令人讨厌或举步维艰的事情。一个人可以活得无怨无悔，为什么不呢？我通常都这么做。未来的我确实非常感谢，有时甚至大声地感谢过去的我——我现在有时还会这样做。

　　许多读者，可能是所有读者，都会认为这是最平淡无奇、难以令人印象深刻的顿悟：生活中一个微不足道的事实。但是，我们已经发现，无论是否知道自己对未来的影响，我们的行为都不总是遵循利益最大化原则行事。我相信，许多人同意这一说法，即我们可以通过当前的正确行动为未来努力，但他们并未理解这一想法的深层含义。

未来的可塑性是关键。我们可以通过行动塑造未来。想到行动，人们往往会止步不前，期待世界自行步入正轨。这是一种不可思议的想法，当然，它于外部世界无关痛痒，只能让一些神经元因这种想法而以略微不同的方式抖动。有意识的行为才能让世界运转，这是前言中提到的修剪过程：通过有意识的行为（面临选择时做出的决定），一个人选择宇宙的一种存在方式，从而消除宇宙本来可能的其他存在方式，就像许多被丢弃的树枝、被凿掉的大理石碎片。简而言之，人们必须接受这个观点，这种方法才会有意义；否则，"时间折现"这一致命的问题可能会毁掉一切。

基本理念就是把你的生活当作自己的作品，一件可塑的雕塑（一件作品或者一个修剪项目，如果修剪这个比喻你更容易理解的话），你必须以正确的方式雕刻，才能得到你心仪的作品，这件作品很容易堕落为自恋的虚假自我，因此不能轻举妄动，必须深思熟虑方才雕刻。只要方法正确，你就可以把自己塑造成想要的样子。[3] 你认为自己的理想是成为一名出色的音乐家吗？那么，牺牲现在的时间！通往音乐家道路的绊脚石是你将未来的音乐家视为一个完全不同的人，你却要辛勤工作、花费时间塑造他。为什么这个人能从你的努力中获益呢？他对你此刻的辛苦练习没有任何帮助，而你却日复一日地辛勤练习。

这也是德里克·帕菲特倡导的竞争性、多重自我观点。尽管我很钦佩帕菲特，但我仍认为他的观点有很多值得商榷之处。要理解这一点，只需运用上一章的观点，想想现在的自己。你是否感觉像是最近认识的陌生人？或者你觉得已经经历过但他仍然是你？你之所以成为现在的你，在于当时的所作所为吗？如果你当时做了不同的事情，现在的你会因此而不同吗？未来也如出一辙，你还是原来的你，只是有了更多的过去。[4] 事实上，我们甚至不应将其视作一种牺牲。我们牺牲的，只是所做选择的某些可能性（最多只是可能的未来自己）。牺牲，是为了某些东西而放弃其他东西，但这种情况，我们不应该说为了未来的自己而牺牲现在的自己。恰恰相反，我们以这种方式开展自我分配，使生活更加美好。这就需要我们认识到，在自己所创造的有意识体验的当下时刻，自己所扮演的角色，我们在这一刻所采取的行动将部分地决定未来的当下时刻所包含的内容——如果我们处于理性状态，毫无疑问会希望这些当下时刻的质量呈上升趋势。[5] 此处运用的牺牲和利他主义概念，被视为与多重自我模式、竞争相关联。认为自己对自己属于利他主义，这种观点属于范畴错误，引发许多问题。出于同样的原因，将利他主义和牺牲的概念应用于单一自我的概念实属语无伦次，就像"达尔文的自然选择进化论是绿松石"一样，两者都不能表达出连贯的陈述。

根据现代物理学（特别是爱因斯坦的狭义相对论和广义相对论），人们普遍认为宇宙与我们不同，它不会将事件从时间上划分为过去、现在和未来。这种划分是一种心理投射，因为我们被嵌在一个时空块里，这个时空块包含所有已经发生、正在发生和将要发生的事情。但正如爱因斯坦所言[6]，我们分割这个四维世界的方式只是一种"顽固不化的幻觉"。

但我认为这是危险的观点，事实上，它与帕菲特关于时间的多重自我观点存在天然的对应关系，后者迫使我们将时间中的自我视为处于各种预先给定关系中的彼此，与空间关系中的其他人具有相同地位。事实上，帕菲特的观点还要求人们将自我与他人（及其需求）的分离、自我与未来自我在时间上的分离一视同仁，而将时间关系置于空间关系之上则显得自私自利。有趣的是，由于这种观点认为自我消亡（个人身份随时间的消失）不具备根本性，它与佛教的教诲颇为相通，以至于哈佛大学伦理学与公共卫生教授丹尼尔·维克勒（Dan Wikler）能让西藏寺庙中的僧侣们将帕菲特《理与人》中的内容当作诵经的内容。[7]

我曾经是这种所谓"块状宇宙"理论的忠实拥趸者（用哲学家约翰·厄曼的话来说，就是"顽固分子"[8]）。根据这个理论，所有事件在四维阵列中都一成不变——这是年轻人的少不更事，你知道吗？我现在更倾向于威廉·詹姆斯的洞见，巧合的是，他是第一个将"块状宇宙"用作贬义词的人。他之所以持该立场，正是因为"块状宇宙"理论没有为各种可能性，以及通过有意识的行为扼杀和选择这些可能性敞开大门，换句话说，就是没有为"雕刻"留有余地。正如詹姆斯所说，"块状宇宙"没有"宽松的游戏"，而必然性和不可能性是现实的两个范畴。[9] 詹姆斯认为，"宇宙"这一概念本身就过于僵化，因为它意味着单一的块状结构。他更倾向于从"多元宇宙"的角度思考问题，即一个不断建设中的世界，它一点一滴地形成，有时也被有意识地干预。

根据詹姆斯的观点，即所谓的实用主义，当没有证据可以区分两种对立的形而上学的哲学观点时，人们应该选择能让生活最美好的观点。[10] 我们无法真正分辨世界究竟是一个丧失可能性的块状宇宙，还是一个可塑的东西，所以我们选择一个来相信。顾名思义，"块状宇宙"意味着顽固不化、雷打不动、朽木不可雕、墨守成规、永恒不变等类似的词语。它岿然不动，因为结构中包含所有时间，所以没有任何外部力量可以推动其发展。这与我们的想法不太相符，我们将未来视作有待完善的雕塑。在四维空间里，没有树枝需要修剪，也没有多余的大理石需要凿去。

让我们转而讨论另一部分内容，即自我创造中一个虽然相关但稍有不同的因素，它涉及前述真正的牺牲。通常情况，我们对于利己之事一目了然，但对暂时性损失则不甚了了，因而对决策心怀恐惧。如果一个人有选择的自由，那么他也要对后果负责。鉴于时间的单向性，后果可能不可逆转，这就是一种牺牲。我认为这是所有牺牲中最大的牺牲，因为一个人正在诛灭宇宙可能的存在方式，这也包括诛灭你可能存在的方式。这是恐惧的根源（我认为这是一种有明确动机的恐惧，不恐惧的人只是还不理解它），但它同时也是意义的来源，对我所讨论的创造性工作至关重要。萨特曾将这种不作为纳入他的"自欺"概念。正如他所说，我们"注定要自由"[11]。如果坚持选择安全、简单、默认的选择，而没有意识到还有其他许多选择，那么他就会任由世界摆布。这样的人与其说是一个人，不如说是一个物体，用萨特的话来说，更像一个"自在之物"，而不是一个"自为之物"。许多人对未来感到茫然失措，觉得自己无法掌控未来可能发生的一切，只能任由未来发生在自己身上，而不去创造未来。他们的生活就像格劳乔·马克斯[12]（在我看来，马克斯往往更有洞察力）的调侃："生命是几十亿细胞一时兴起，让你暂时是你。"[13]但这并非一时兴起，或者至少不完全是。是你，而不是外部宇宙，决定着这些细胞做什么、去哪里；你决定他们是躺在沙发上还是外出锻炼——最后一章将讨论现实的这一特征（你在现实进程中所扮演的角色）多么不可思议。在某种程度上，它是现实中最显而易见、最平淡无奇的特征，但仔细想想，它又是现实中最妙不可言的特征。

然而，到目前为止，我们只考虑了"投射我"中最肤浅的内容。个性化以其最真实的形式表明，意识被高估，或者至少需要确保意识得到足够扩展，从而明确是它在驱动着我们，而不是潜伏在地窖里的任何东西。虽然个性化以一种"自然"形式帮助我们成长，并在一定程度上扩展我们作为人类的意识，但个性化还有一种积极形式：一种非自然形式。重复一遍，问题是，你是想被动地等待世界发展继而影响自己，还是想主动地影响世界发展？既然你知道自己确有能力改变现状，那不去做就是萨特"自欺"概念的另一个例子。事实上，正如萨特所言，行为是客体而非主体，客体受事件影响。即使意识到正在发生的事情也不够：主观性也可以被动。相反，重要的是能动性，它让世界中的事物运转起来。要理解这一点，只要想想我们经常做的某件事，并且完全意识到那件事，但却不想去做。我们的行为与想法背道而驰。

这就是卡尔·荣格提出个性化的意义所在：意识仍然太肤浅，所以有必要深入意识之下。如果人完全由意识主宰，那我们就不会涉足那些自我毁灭之举，只因这些举动越过意识。当然，这是精神分析学的方法。它掌控成长过程，掌控自我意识的产物，并对其开展分析，更深入地了解其精神。如果我们不研究驱动自我信念的过程，那么如何创造未来？我们需要开展决策。有时，当我们对某件事情感觉最强烈时，正是我们对该事情持怀疑态度之时！

荣格并不受当代哲学家和心理学家的欢迎。他被视为墨守成规之人，对引导人类行为和思想的潜藏的集体秩序（"集体无意识"）有着不同寻常的洞见，并相信在这种潜藏的秩序驱动下，宇宙存在着奇妙时刻，外部世界会有意义地与你的内心世界相匹配，就像世界在与你的情感需求对话（"同步性"）。我认为诋毁他非常可耻，虽然在他所处的时代，他的观点稀奇古怪，但并不像人们说的那样狂悖无道。事实上，我认为他关于个性化的观点（以及后来更多关于阴影的观点）是人类有史以来发现的最重要的观点之一。我们忽视这些观点将得不偿失。

荣格本人是个厚脸皮的人，手里总拿着烟斗，露出狡猾的笑容。他不是圣人，但从他的观点看，这恰属意料之中，我稍后会介绍他的观点。在自己后期的回忆录以及对人生、宇宙和万事万物的思考中，他写道："我存在的意义在于，生命解决了一个问题。"[14] 简而言之："我本身就是一个问题。"正如他所解释的那样，他的工作就是回答这个问题，以免让世界回答该问题。这正是我所提倡的生活态度。从一大堆情结、恐惧和无意识的行为驱动因素中提取出一种人格，然后健全这种人格。事实上，哲学中的"个体化问题"指的是弄清某个对象是什么，它标志着该事物与其他事物的区别。在荣格看来，这是一个疏浚的过程，把无意识的元素带入开放的空气，使之成为一个整体。如果不这样做，那么总可能有一些潜伏的神经症会破坏人的生活，在后台控制着他的行动。这就会导致一个人过着别人的生活。

当然，个性化确实存在障碍。有些模式（正是人们想要发掘的东西）阻碍了这一过程。有些人被无知的面纱所保护，根本不关心这些事情。另一些人则极度渴望获得完整的感觉，但他们发现自己的感知过程被各种东西所束缚，如经常回忆起过去所受的创伤，尤其是跟依恋相关的问题。如果一个人在缺乏安全的环境中成长，那么在以后的岁月中，他会持之以恒地寻觅方法以离开自己所建立打造的任何环境[15]。个体化是一个过程，离开你认为可能安全的自建区，降低所有风险。如果一个人的防御措施足够多，就可能会导致自我的严重解体，在极端情况下，有些已经成为他们的防御包，与他们呈现给世界的虚假创造相重叠，保护其免受世界的伤害（我们将在第7章讨论这个问题）。

荣格意义上的"个体化"是一种揭示意志作用于各种机制的行为。这涉及一系列新的观察方式——梦、活跃的想象力和其他象征性的工作[16]，其功能很像物理学家开发粒子加速器以揭示原子内部结构。就像大多数人在不了解原子内部结构的情况下仍能环游世界（毕竟，我们似乎不会直接遇到这种东西），大多数人也在不了解自我内部结构的情况下四处奔波。很像塞涅卡的"非旅行"，只是在"折腾"。想好好生活，至关重要的是了解生活，否则你就无法了解生活为何如此，也就无法积极驾驭生活，生活将像一块正在被海浪拍打的岩石，不知道下一片海浪为什么来、什么时候来。一个人最终会得到什么呢？仅仅是一系列发生的事情。叔本华[17]用下面的比喻恰如其分地说明这种有意识方法的重要性（事实上，他也是荣格的灵感来源）：

> 生命的前40年谱写正文，而剩余的30年开展注释。没有注释，我们将茫然不解正文的意思及其中蕴含的寓意。[18]

这种想法的好处之一是，饱经风霜的生活使故事读起来更津津有味。像这种把人生划分为不同阶段（或年龄段）的做法司空见惯。前述我们已经简单提过少年和老人之间的冲突。然而，我们还可以想办法开展更精细化的划分。罗马人进一步将这两极之间分为青少年和成年人，都有与自己相关的时间段。当然，莎士比亚[19]《皆大欢喜》中的雅克将人按照七个年龄段划分，从"在护士怀里啼哭呕吐"的婴儿阶段开始，到最后一幕"再次充满孩子气，完全被遗忘，没有牙齿、眼睛、味觉，一切都没了"结束[20]。真是前景堪忧。

因此，个性化的目标将无意识与有意识的内容重叠成

一个整体。下一章，我们将看到一个复杂的例子（永恒少
年）——内在和外在的裂痕产生问题。我们将看到，该问题
恰恰与"跟随你内心的声音"的行为方式有关，但这其实是
一种未经分析的无意识行为。这又回到上文提过的修剪可能
性的问题：如果你的决定如此举足轻重，甚至可以扼杀整个
宇宙的未来，那么你最好能明白是什么力量在引导这个过
程！你应该知道究竟是你在发号施令，还是某种古老的集体
无意识在作祟。我们有理由害怕用这种方式看待事物，而个
性化就是最好的预防措施。归根结底，它不过是关注你的思
想、行为和信念。

　　<开始演讲>人们不禁要问，为什么学校不开设一
些课程，向孩子们传授心理学知识（包括个性化思想）
呢？毕竟，作为人类，我们需要了解同类（以及我们自
己）如何思考行事，就像我们需要了解先乘除后加减这
种计算法则一样。我认为，他们的假设是，仅仅通过和
其他孩子一起，就能在沉浸式学习中理解人如何思考行
事。这绝对是无稽之谈，中年时期常出现的危机即可证

明这点。我们可能了解他人的外在行为，但没人教我们如何理解自我的内在心理和心路历程。如果能及早理解自我，将有助于避免各种各样的神经官能症、精神创伤、依恋问题、离异和家庭破裂。让孩子们为自己的未来做好准备，这比简单地为工作做好准备更有意义。生活，理所应当是最重要的必修课！<结束语>

与此同时，如果你像我（而非帕菲特、佛教徒）一样认为死亡很重要，那么你可以用剩下的天数判断你的余生（最好的情况），这不禁让人怅然若失。我算过，即使我能活到100岁，也只剩20563天。在我听来，这好像很少，尽管塞涅卡的评论与此相反。但是，除非一个人活得抱诚守真、怡然自得，否则他根本算不上真正地活着。这种情况下，与其把倒计时看作死亡计时器，不如将它视为创造真正让人引以为豪的生活的剩余天数。

注　释

[1] 哲拉鲁丁·鲁米（Jalal al-Din Rumi）：《鲁米：在挚爱的怀中》（*Rumi:In the Arms of the Beloved*），乔纳森·斯

塔尔（Jonathan Star）译，伦敦：企鹅出版社，2008 年，第
170 页。

译者注：哲拉鲁丁·鲁米（1207—1273），著名诗人，倡
导追求热情与狂喜是天人合一境界的唯一途径，被许多历史
和现代文学家视为人类历史上影响力最大的诗人兼哲学家。
他的作品于 19 世纪始被引入西方世界，至今已被公认为世界
文学中的瑰宝。联合国教科文组织为纪念他，将 2007 年定为
鲁米年。其主要著作有《沙姆斯集》《玛斯纳维》等。

［2］ 萨特：《存在主义是一种人道主义》（*Existentialism
Is a Humanism*），第 37 页。

［3］ 当然，我承认这些程序因人而异、因环境而异。通
常情况下，一些人根本不具备另一些人所拥有的资源，因此
必须按照一套不同的步骤来创造理想的未来。此外，显而易
见的是，我并未说明我们可以控制宇宙的方方面面！但是很
多事情属于你自己，而且肯定比通常能想到的要多。最重要
的是，有时死亡这个有限边界会轻而易举地将许多事情排除
在外。但是，这些根本不是宇宙真正的可能性分支，也不适
合被修剪，它们只是幻象而已。同样，由于我们共享同一个
宇宙，别人的雕刻可能会剥夺你的某些创造可能性，需要根
据情况进行相应调整或放弃。

［4］ 当然，我们可以想象一下，如果有人被告知必须

接受手术，而手术的结果将导致一个人的思想完全重构，以至于他无法感受到自己还是同一个自己。比如说，你接受了强烈的电击治疗，这也是一种终结。又或者，我们发现了阿尔茨海默病的潜在基因，这些基因肯定会导致自我意识的断裂——我们已经知道几种这样的基因。那么为什么烦恼呢？只要你在正常情况下工作，你完全有理由坚持下去，因为你将能享受自己的劳动成果。

[5] 菲利普·津巴多（Philip Zimbardo）（"斯坦福监狱实验"的缔造者——尽管在我看来，他在所谓的"时间疗法"方面的研究远胜于此）在其著作《让时间治愈一切》（*The Time Cure*，新泽西州霍博肯：Jossey-Bass 出版社，2012年）中切实地处理了分配问题，将我们的时间坐标（相对来说，我们始终体验的是自己所处的当下）划分为 5 种可能的视角（原始研究论文《把时间放在正确的角度上：一个有效、可靠的个体差异度量》，《个性与社会心理学》第 77 期，1999年，第 1271–1288 页，该论文由他与学生约翰·博伊德共同撰写）：

（1）过去积极者注重"过去的美好时光"。他们可能会保存纪念册、收集照片并期待庆祝传统节日。

（2）过去消极者关注过去所有出错的事情："不管我做什么，我的生活永远不会改变。"

人生短暂　活出意义
Life Is Short: An Appropriately Brief Guide to
Making It More Meaningful

（3）享乐主义者活在当下：追求快乐、新奇和直觉，避免痛苦。

（4）现世宿命论者认为，决策徒劳无功，因为生活的一切均已命中注定：会发生什么，就会发生什么。

（5）面向未来者规划未来，并相信决策能够起作用。

后来又增加了一个视角：超验未来者认为，死后的生活比当下的生活更重要。他们可能会在有生之年对来世投入重金。

后一种观点就包括埃及人用金字塔为生活未雨绸缪，我们还可以在许多宗教人士的生活中找到这种观点，他们也同样在为审判做准备，并怀着这样的心态生活。更重要的是，也许我们可以想象一下个人的遗产，包括将给孩子留下什么。津巴多的理论从根本上将各种心理（并最终导致生理）问题归因于这些观点中的一种或另一种。正如塞涅卡所说，这都是一个平衡问题：其中一种或另一种过多都会导致出现问题。当然，问题在于，在某些可取的方面，我们如何做得更好，并将其他负面因素排除在外？知道哪一个是可取的方面就成功了一半，但最难的部分还在于积极而真实地塑造它。

译者注：菲利普·津巴多，美国著名心理学家、教育家，斯坦福大学荣退教授，曾任美国心理学会主席。曾获得美国心理学会颁发的希尔加德普通心理学终身成就奖。主要著作有《心理学与生活》《路西法效应》《时间心理学》《态度改变与社会影响》《津巴多普通心理学》等。他还帮助媒体开发了《探索心理学》系列节目，被称为"心理学的形象和声音"。

［6］ 爱因斯坦的这番话出自他写给其去世朋友米歇尔·贝索妻子的一封信。爱因斯坦想安慰她，他指出，根据他的相对论，贝索和他的妻子仍然活在宇宙中，因为过去、现在和未来以相同的现实状态存在：他们只是存在于不同的时空位置，功能很像我们的词"这里"。这样看来，我们可以把爱因斯坦的话解释为另一种不朽，因为我们就这样永恒地存在。

［7］ 山姆·莫威（Sam Mowe）：《西藏僧侣诵读牛津哲学家文章》,《三轮：佛教评论》, 2011 年 9 月 13 日。注意这里与死亡的联系并不重要，因为如果与未来自我关系不那么重要，那么通过死亡切断这种关系也没那么重要。这是佛教的另一种亲和力，也是我不同意这种观点的另一个原因，因为它主张生命融入无垠。

［8］ 约翰·厄尔曼（John Earman）：《重新评估块状宇宙增长的前景》,《科学哲学国际研究》第 2 期, 2008 年, 第 135–164 页。

［9］ 威廉·詹姆斯：《真理的意义："实用主义"的续集》(The Meaning of Truth: A Sequel to "Pragmatism"), 纽约和伦敦：Longmans, Green & Co., 1909 年, 第 226 页。

［10］　詹姆斯在其 1884 年的论文《决定论的困境》（“The Dilemma of Determinism”）中表达了这些观点，该论文被收录于《信仰意志和大众哲学中的其他论文》（*The Will to Believe and Other Essays in Popular Philosophy*），剑桥：剑桥大学出版社，2014 年，第 145-183 页。回看前一章，詹姆斯在晚年将死后的生命归入无需证据的一类，因此任何能让人感觉好一点的内容都适合用于填补这类。他选择相信我们是永生的。参见 1897 年他在英格索兰的讲座《不朽》，荣格认为，某种意义上的永生是所有人类都拥有的一种理性需要（继续生活的需要）。

［11］　萨特：《存在与虚无》，第 87 页。

［12］　格劳乔·马克斯（Groucho Marx，1890—1977），美国喜剧演员、编剧等，曾获得美国第 3 届最佳突出电视人奖。主要作品有《鸭羹》《歌声俪影》《动物饼干》《快乐爱情》《恶作剧》等。

［13］　斯蒂芬·坎费尔（Stefan Kanfer）主编，《格劳乔精选：格劳乔·马克斯的作品》（*The Essential Groucho: Writings by, for, and about Groucho Marx*），伦敦：企鹅出版社，2008 年，第 151 页。

［14］　荣格：《回忆、梦、思考》（*Memories, Dreams, and Reflections*），理查德和克拉拉·温斯顿译，纽约：古典书局，

1989 年，第 362 页。

[15] 我认为，备受争议的保守派哲学家罗杰·斯克鲁顿（Roger Scruton）很好地诠释了这一点——不管这种观点多么不受欢迎，而我恰好是他的粉丝。他有一个典型的混乱童年，远方的父母无法向他传递他所需要的安全感，从而导致他缺失家的概念。他把这种对家的追寻作为自己的哲学和生活的基石。据我所知，在他的回忆录《温柔的遗憾：一生的思考》（*Gentle Regrets: Thoughts From a Life*）（伦敦：连续出版社，2006 年）中，他非常敏锐地洞察到自身青年时期的分裂，在这种分裂中，他构建了一个虚假的自我以承受残酷的现实——他从未更深入地思考过，在选择以家的方式给予自己从未拥有的东西时（实际情况是他的父亲非常厌恶贵族生活），他的童年和父母仍然控制着他的决定，因此，他并未真正长大。我敢肯定，我自己的许多行为（包括写这样一本书）也不例外。

译者注：罗杰·斯克鲁顿（1944—2020），英国保守主义哲学家，美学和政治哲学作家，属新右派，主要倡导古典保守主义，批判新自由主义。斯克鲁顿还是记者、音乐家。主要著作有《康德》《建筑美学》《性欲：哲学研究》等。

[16] 当代科学家漠视梦想的力量，就像目前许多非唯物主义性质的事物被视为过去年代的可笑遗迹一样，掩盖了

这些科学家无法认清眼前事物的事实。清醒的大脑包罗万象，无时无刻不在思考。如果认为这一切会因睡眠而突然停止，大脑陷入混乱，只有清醒后才会迅速重组，那就太荒谬了。那些忽视梦境内容的人错过大量具有潜在价值的信息。幸运的是，这种漠视正在有所变化，可参阅马克·索姆斯（Mark Solms）的《隐藏的维度：一场通往意识之源的旅程》（*The Hidden Spring: A Journey to the Source of Consciousness*），伦敦：Profile Trade 出版社，2021 年。

译者注：马克·索姆斯，神经精神分析理论的创始人，南非精神分析委员会主席，国际精神分析联盟（IPA）研究主任。主要著作有《神经精神分析入门》《隐藏的维度：一场通往意识之源的旅程》等。

［17］　阿图尔·叔本华（Arthur Schopenhauer，1788—1860），德国著名哲学家，唯意志论的创始人和主要代表之一，非理性主义哲学家的代表人物，无神论者和宿命论者。主要哲学观点涉及形而上学、伦理学、逻辑学和美学。叔本华思想的主要灵感来自柏拉图和康德，印度哲学对其亦有一定影响。他与同时代的其他哲学家不同，没有否定康德的"物自体"概念，而是把它定义为意志，并在这一基础上对整个世界进行了阐述。主要著作有《人生的智慧》《作为意志和表象的世界》《伟大的思想》《一个悲观主义者的积极思考》

《叔本华思想随笔》等。

　　[18]　阿图尔·叔本华：《人生的智慧和忠告与言》（*The Wisdom of Life and Counsels and Maxims*），T.贝利·桑德斯译，纽约：普罗米修斯出版社，1995年。这本书中有许多优秀的格言。

　　[19]　威廉·莎士比亚（William Shakespeare，1564—1616），英国文艺复兴时期杰出作家、诗人，被誉为"英国戏剧之父""人类文学奥林匹斯山上的宙斯"。主要著作有四大悲剧——《哈姆雷特》《奥赛罗》《李尔王》《麦克白》，四大喜剧——《威尼斯商人》《仲夏夜之梦》《皆大欢喜》《第十二夜》。

　　[20]　威廉·莎士比亚：《皆大欢喜》（*As You Like It*），纽约：西蒙与舒斯特出版社，2011年，第2幕第8场。

临时生活

鲍里斯：少了点什么。

医生：什么？

鲍里斯：我不知道，我感到内心很空虚。

医生：什么空虚？

鲍里斯：嗯……一片空虚。

医生：空虚？

鲍里斯：是的。大约一个月前，我觉得无尽地空虚，但那只是我吃的东西。

————伍迪·艾伦《爱与死》[1]

汤里总有一根头发。

————玛丽-路易丝·冯·法兰兹《永恒少年》[2]

　　赫尔顿·戈德温·贝恩斯（1882—1943）是荣格精神分析理论的支持者，他翻译过荣格的一些作品，自己也撰写过一些相当出色的书籍。他最知名的成就，可能是阐释荣格的"临时生活"[3]。贝恩斯将这种现象描述为"一种幼稚的不负责任、依赖的状态"，表现为百无聊赖。它指的是心理发育迟缓、无法走出青春期、仍然依赖母亲的状态，即塞涅卡所说的"在原地马不停蹄地打转"，而非"漫长的航行"（正如第1章所述）。

　　如果你将自己当前的生活环境、项目和人际关系仅仅视为占位符，等待事情发生变化，或者想做些不同的事情但又未付诸实施，那么你就在过一种临时生活。你总将目光投向别处，投向未来，投向他人，投向其他生存方式，从不安于现状，不致力于自己当前所拥有的，也不付出时间和精力去积极实现自己的愿望。我们可以称之为"某天主义"：总有一天，我会义无反顾地做出决定。塞涅卡在《致鲁基里乌斯书信集》（其中一封信题为《论节约时间》）中写道："珍惜每一个小时，今日事今日毕，你就不需要太过依赖明天。当我们拖沓磨蹭之时，生命正在匆匆流逝。"[4]

暂时生活是一种不真实的生活，因为内心的某些愿景并未在这个世界实现。然而，大多数情况下，开始就没有清晰的愿景，只有一种隐隐约约笼统的不满情绪，认为事情不应如此：一片空虚……

荣格最著名的学生玛丽－路易丝·冯·法兰兹（下文简写成冯·法兰兹），将这种现象描述为一种感觉：

> 个人还没有走入现实生活。暂时地做着这样那样的事情。但无论是女人还是工作，都并不是自己真正想追寻的，总痴心妄想未来的某个时刻，他追寻的事情会出现……这种典型人物最害怕的事情就是被任何东西束缚。他害怕羁绊，害怕完全进入时间和空间，害怕成为某个特定的人。人们总是害怕陷入某种再也无法脱身的境地。每个恰到好处的情况都是地狱。[5]

她接着说："这个女人从来都不合适。作为女朋友，她很好，但是……总有一个'但是'阻止其步入婚姻或许下任何明确的承诺。"[6] 现在，我要在这里真诚忏悔。在写这本书的过程中，我同时也以身试法除去自己身上的"永恒少年主宰"，这种主宰可能恰恰是我过早地活成一个老人而产生的反应（现在荒谬地在这里做你不应该做的事情：通过写作理性地去除它）。如果这样太不雅观的话，请闭上眼睛跳过这一段。

在经历了痛苦的分离和唐璜主义（见下文）之后，我找到一位真正出类拔萃的女性。尽管在一起生活了好几年，但我还是难以让自己"完成交易"（"总有一天……"——我希望本书在这方面也能拯救我）。这正是冯·法兰兹所说的障碍。它以恐惧为基础，而恐惧恰恰集中在某些不可逆问题上，集中在牺牲的可能性中，集中在被束缚。对承诺的恐惧，是一种逃避。然而，正如荣格所说："生命的意义肯定在于生活，而不是逃避。"[7] 我们想要真实的东西，我们想要确定的东西。秉承这个理念，我们最终迎来的是自己并不想要的临时生活。焦虑正是源于有限性和生命的短暂性。随着年龄的增长，生命的可能性不断减少，我们希望避免做出不可逆转的选择以保留尽可能多的分支，因为修剪掉这些分支，意味着宝贵的生命也随之而逝。简而言之，当我们漫步人生时，需要修剪的分支也越来越少。

标准观点认为，这种内心的"少年"与恋母情结有关。它追求着完美的母亲："一个能带来完美关爱、极致温暖、高度和谐、持久关系的女人。"当然，这种完美并不存在，所以一旦发现问题，"少年"就会从一件事又关联到另一件事。幻想占据上风，但它们至少能提供一些完美的表象，虽然不真实（当然，不真实是最糟糕的不完美，但这是一种神经症！）。

按照标准的精神分析程序，荣格将这种神经症与罗马神话中的酒神巴克斯或酒神狄俄尼索斯联系起来。奥维德 [8] 在《变形记》（也是术语"自恋"的来源，事实上，这两种病态人格类型之间存在密切联系，尤其在自大方面）中描写了埃琉西斯的奥秘，他将巴克斯描述为永恒少年。当然，青春就意味着没有责任感。然而，巴克斯情结似乎并未深入人心，永恒少年的标签似乎成为标准。冯·法兰兹更倾向于使用安东尼·德·圣-埃克苏佩里的《小王子》阐述她的观点。[9]

荣格本人认为，工作是解决病态不负责任的唯一办法，这涉及向相反极或阴影原型 [10] 迈出一步。这里冯·法兰兹再次谈到她导师的观点：

　　我记得他对一个"永恒少年"式的人说："你从事什么工作都不重要。重要的是，你能全力以赴、专心致志地做一件事情，不管是什么事情。"然而，这个人坚持说，只要能找到合适的工作，他就去做，但他找不到。荣格博士的回答是："不要紧，随便找一块土地，犁开它，种点什么。不管是做生意，还是教书，还是做其他任何事情，都要全身心地投入你所在的领域。"每个人的面前都有一个真实的领域，只要他愿意，就可以在那里工作，而说"只要能找到合适的工作，我就会工作"，是一种幼稚的伎俩，是永恒少年众多自欺欺人的伎俩之一，通过这种伎俩，他在内心深处对母亲和上帝都保持着狂热的认同——因为众所周知，神并不工作。[11]

　　我们可能会认为，他应该只想做有意义的工作。如果不这样做，任何崭露头角的巴克斯都会觉得自己像另一个神话人物西西弗斯，他被惩罚要不停地将石头推到山顶，但石头到山顶后又从另一边滚落下来，如此周而复始。这里我们又回到前言中的关键主题：限制。正如荣格所言，"少年"给人的感觉就像神一样——永恒，不受限制。而工作当然有限制，这正是荣格提出任何工作的意义所在，该工作可能适合神，也可能不适合神。阿尔贝·加缪曾在其作品《西西弗斯神话》中将人类的境况与这一神话进行比较。[12] 这样的生活似乎索然无味，不过是一场没有终极目标的挣扎。在某种程度上，加缪的解决方案与荣格不谋而合：接受挣扎，甚至接受自己处境的荒谬性，不必忧心忡忡地去别处寻找幸福。

荣格想从解决方案中获得的是全身心投入的行为。投入某事，进入真实生活，履行承诺，竭尽全力地融入自己所处的时空，而不仅仅是在地平线上徘徊，思考自己还能做什么，妄想自己能活得比现在更好。[13] 这要求我们彻底接受自己非神的本性。这是最好、最有成效、最快速的入世之路。此外，这也是成年人的行事之法！

也许这可以解释"少年"的无精打采：他们不接受成长过程中要经历的不同阶段，不接受每个阶段的自然限制，他们也无法理解死亡的意义，因此他们百无聊赖，不断寻找下一件大事。"少年"与《易经》的观点不谋而合，即人类并不适合拥有无限的可能性：但他们不是普通人，他们很特别！

这是接触现实的弊端（尽管这正是避免复杂化所必需的），因为这样一来，人会受限，处处受限。进而，人会陷入一种悲惨、荒诞的境地，束手束脚，无法随心所欲，这让纯粹的"永恒少年"郁郁寡欢。一个人躺在床上天马行空地认为自己能忙里偷闲创作很多东西，才华得到认可，但他实际能创作出的东西少得可怜。现实怎么可能与幻想相提并论呢？但是，我们既不能轻易低估"少年"不愿承担生活大事的动机，也不能将其归为某种非理性（至少并非所有情况都如此）。很可能，他们只是太明白承诺的重要性，事实上他们比那些轻率地踏入万丈深渊的人更加认真地对待承诺。决策既是一种创造性行为，也是一种破坏性行为，它扼杀了其他可能，只留下一个方向。

长期以来，哲学家们一直在探讨表象和现实之间的区别。最著名的可能就是柏拉图的洞见，他提出理想形态的概念，认为现实只能提供理想形态极不完美的复制品。事实上，从柏拉图的理论（如他在《蒂迈欧篇》中所描述的）衍生出一整套完整的故事，与诺斯替主义者的观点有关：造物主试图建造一个物质世界，使之尽可能地与理想形态的世界相匹配。

诺斯替主义者接过这个故事，将造物主变成一个反派（《旧约》中的上帝），他创造了我们所居住的邪恶宇宙，从而将我们与真正属于自己的完美精神世界分开。

许多人在生活中，尤其是爱情生活方面，都有一些理想的形象，这似乎是他们应该努力为之奋斗的东西，就像诺斯替主义者觉得物质世界差强人意一样。马塞尔·普鲁斯特[14]在其代表作《追忆似水年华》（第三部）中描述得恰到好处：

> 爱情是一种邪恶的欺骗，它一开始就不是让我们关注外部世界的女人，而是让我们关注自己想象中的玩偶，事实上，她是唯一一个我们永远可以得到并拥有的女人，而记忆的任意性几乎与想象力的任意性完全一样，它可能使玩偶与真正的女人大相径庭，就像真正的巴尔贝克与我想象中的巴尔贝克的区别那么大——我们将一点点地使真正的女人变得像一个虚构人物，但这对我们自己则一无是处。[15]

在某种程度上，一切都始于我们大脑中的玩偶。我们投射出自己的整个世界，在某种意义上，这个世界部分存在于我们的大脑中。真实的秘诀在于尽可能让内在和外在保持一致。收回自己的投射，看清世界的本来面目，或者通过行动让自己梦想成真。

有趣的是，加缪在《西西弗斯神话》一书中提到唐璜（Don Juan）的传说，通过有效拥抱缺乏规则或固定秩序的生活，来逃避生活的荒谬性。加缪在讨论他所谓的"荒诞人"时，将唐璜主义与本质上的"少年"主义联系起来。[16] 荒诞的人是符合存在主义的人，它涉及对生活意义的理解（即便只是无意识的），即生命最终毫无意义。加缪指出，唐璜并不追求任何有意义的生活。

当然，这是一个古老而广受喜爱的传奇故事，莫扎特的歌剧《唐璜》和拜伦勋爵的史诗《唐璜》的创作灵感皆源于此。莫扎特歌剧的全名是《浪子终受罚，或称唐·乔望尼》，意为"被惩罚的浪荡子"。[17] 当然，这个传说与出轨最为紧密相关，事实上，"唐璜"已经成为一个标签，代指相当肤浅的"搭讪艺术"流派，其目的是通过使用各种花招勾引尽可能多的女性，并将整个过程视为一场游戏。然而，更深入地探究，唐璜的出轨行为背后隐藏着相当幼稚的"少年"式目的：他在寻找一个理想的女性。换句话说，他在寻找一个虚构的人。

鉴于唐璜传说的影响力，对唐璜人格进行精神分析治疗也就不足为奇。最著名的可能是奥托·兰克的研究，他在《唐璜传奇》[18]中对此进行过描述。奥托·兰克[19]是弗洛伊德的学生（与荣格一样，他因与这位伟人意见相左而被逐出教会），他既是日记作家兼小说家阿娜伊斯·宁的情人，也是她的心理治疗师，而阿娜伊斯·宁本身无疑就是一位"永恒少年"（或称"唐娜"）式的人。兰克关于女性创造力的研究激发了阿娜伊斯的兴趣，从而被她收纳到自己的庞大"后宫"（这个"后宫"还包括亨利·米勒[20]、戈尔·维达尔[21]，如果我们相信她的日记，甚至还有她自己的父亲）中，而阿娜伊斯还要依赖丈夫休·吉勒（如果确有其人，他们应该是互相依赖的）生存。奇怪的是，她晚年确实委身于一个男人——鲁珀特·波尔，似乎也接受了自己生命的有限性（她罹患宫颈癌），以一种更有意义的方式结束自己的生命。[22]

兰克讨论的主题，正是围绕我们这里所提出以及加缪提出的主题，即"个人与自我之间的关系，以及死亡对自我彻底摧毁的威胁"[23]。他提出了"双重"的概念，这与荣格提出的"阴影"概念密切相关，并在各种神话故事和文学作品中找到这一概念的表现形式，包括水仙神话、罗伯特·路易斯·史蒂文森[24]的《化身博士》以及奥斯卡·王尔德[25]的《道林·格雷的画像》。然而，兰克始终无法摆脱他过去的导师对恋母情结的诠释。但是，生命的无意义性与无法承诺（和限制）之间的关联显而易见。

在荣格看来，"少年"是驱动我们的众多原型中最清晰的例子之一。老人（智慧老者）则是它的阴影。在任何一种原型下生活过久都会作茧自缚，而在年轻时过着以"老人"式为主的生活，晚年过着以"少年"式为主的生活，这种人生阶段与生活状态的错配则是灾难的根源，因为人们会感受到生命有限这个边界，同时会因丧失年轻的机会而悔恨交加。

在前面的章节中，我们已经用不同的术语提到过这点，人们可能会有完全不同的时间视角，而这些视角又拥有各自互补的优点和缺点。我们不妨用一个表格来加以说明（见表6.1）。[26]

表 6.1 "少年""老人"特质表

少年	老人
永生不灭（无界 / 无限）	终有一死（有界 / 无限）
面向当下（拖延）	面向未来（焦虑）
非理性	理性
负责任	不负责任
无坚不摧	易受伤害
毫无意义	有意义

荣格和冯·法兰兹似乎违背了自己的"阴影工作"原则（也就是说，一个人必须同时拥有上述互补的特质中的一小部分才能形成一个完整的、健康的个性），几乎将所有"少年"式的特质视为糟粕——事实上，冯·法兰兹的一本书，书名就叫《永恒少年的问题》！此外，根据表 6.1，我们还可以发现，为了避免过于专注非当下的时间，"少年"的品质必不可少。归根结底，正如前一章所述，最重要的是一个人要有意识地掌控自己的生活。

另一位荣格心理学家詹姆斯·希尔曼[27]（他提出一种被称为"原型心理学"的研究方法）似乎与荣格、冯·法兰兹完全背道而驰。澳大利亚分析心理学家大卫·戴西[28]说，希

尔曼发动了一场"心理战"，认为上述做法离经叛道，相反，
他为"少年"唱赞歌，嘲笑我们应该将"少年"拉回现实的
想法（真是扫兴）！

　　减少幻想，消除歇斯底里，正视直觉，脚踏实地，面对
现实，把诗歌变成散文。意愿是将性引导到关系中，通过努
力、务实、牺牲、限制、磨炼来克服残缺。通过承诺这剂灵
丹妙药，板起面孔、捍卫立场、克服暂时性困难。[29]

　　"限制"这个词再次出现。我一直认为，限制是意义的根
本所在。面对选择，我们采取行动消除未采纳的可能以限制
世界。这种限制与行动的结合是有意义存在的核心。虽然一
开始它可能向上，但如果不施加这种限制，生活就会变成一
个功能失调的下行螺旋。但这并不意味着我同意荣格和冯·法
兰兹的观点，即一个人应该从根本上"磨合"掉"少年"，就
像拯救一匹误入歧途的赛马一样。关于这点，我很赞同大
卫·戴西的观点，他说："提倡'少年'这种心理风格，永远
不会带来永恒少年，只会带来永恒幼稚。"[30]换句话说，问题
在于，随着年龄的增长，这种心理特征会变得越发地不讨人
喜欢，甚至难以为继。但是，正如希尔曼所解释的，它也可

以朝另一个方向发展，因此他谈到用一点"少年精神""治愈老者问题"[31]。这一点在表6.1中显而易见，我们看到孤立地采取任何一种立场都举步维艰。

实际上，希尔曼所说的区别并不存在，他显然误解了荣格和冯·法兰兹提出的解决方案，该方案暗含希尔曼自己使用的概念：老人和少年。工作和脚踏实地的正是老人，荣格和冯·法兰兹在其他地方指出，在做出承诺（"老人"的一种做法）之后，过多的"老人"式思想会导致人停滞不前。[32]泰西认为希尔曼深受恋母情结影响，以至于他丧失从外部观察自我处境的机会，也就没有意识到自己恰恰展示出部分恋母情结和"少年"式问题。对此我同意，希尔曼总把"少年问题"打上可怕的引号，他不仅患有"少年"情结，还患有"少年情结"的情结！

塞涅卡的观点与荣格、冯·法兰兹的观点不谋而合，也提出各种各样的基础（在真实而非临时生活中），我们必须考虑目标人物的具体年龄。毫无疑问，得益于早年在罗马的丰功伟绩，保利努斯扩大自己的生活，但到了某个阶段，人不再适合追求那些会耗尽宝贵资源的东西，否则时间就会被蚕食得所剩无几。也许"早期少年"并非坏事。但确实，除非这些人真的能放慢脚步，否则他们将不可避免地精疲力竭。正如比利·乔尔[33] 曾在《维也纳》中唱的那样，"命运的帷布在你做好准备前就已升起"[34]。这是一个有用的练习，尝试找出娱乐业中饱受这种痛苦的人。娱乐业中充满这样的人，许多人（这个词非常贴切）过早地离开人世，肯定远远超过随机抽样的人数（所谓的 27 岁俱乐部[35] 就是一个很好的例子，它的成员包括三个首字母都为 J 的歌星：詹尼斯·乔普林[36]、吉姆·莫里森[37]、吉米·亨德里克斯[38]）。

迈克尔·杰克逊也许是最有目共睹的例子，他活得就像彼得·潘一样，永远不想长大，甚至把自己的家命名为梦幻岛！[39] 当然，我们可以很轻易地将他的"少年症"归咎于他父亲，这个暴虐的男人剥夺了他纯真的童年。然而，在其他方面，迈克尔·杰克逊并不像荣格所描述的那样是一个"少年"，因为他废寝忘食地工作，却没有奇迹般痊愈。相反，他工作得越来越努力，但同时似乎试图变得越来越年轻（最终进行了破坏性的整形手术）。这很可能是多种病症混合所致，在这种情况下，完美主义也同时存在。有一大堆与昔日神童相关的病症都有类似之处。为了"转型"，他们必须变得更"老人"一些。这种失败病例有很多，通常由于染上某种毒瘾，他们变得神经质或死去。这种情况的典型案例就是伟大的波兰钢琴家约瑟夫·霍夫曼[40]，他的职业生涯持续好几年后，12岁时被防止虐待儿童协会拯救。得益于该协会的干预，他18岁以后才再次公开演奏。但伤害已经无可挽回，他成为酒鬼，酒精逐渐侵蚀他的才华。

下一章将深入探讨"永恒少年"情结本身以及它在极限状态下可能产生的破坏。

注　释

[1]《爱与死》由伍迪·艾伦自编自导，查尔斯·h. 约菲制片（MGM/UA，1975年）。

[2] 玛丽-路易丝·冯·法兰兹（Marie-Louise Von Franz）：《永恒少年》(*The Problem of the Puer Aeternus*)，多伦多：内在城市出版社，2000年，第8页。

译者注：玛丽-路易丝·冯·法兰兹（1915—1998），杰出的荣格心理学继承者，童话心理解读的代表人物。她一生致力于发展荣格的分析心理学，将跟随荣格所学习到的概念与方法运用于童话分析中。主要著作有《永恒少年：我们为何拒绝长大？》《解读童话：遇见心灵深处的智慧与秘密》《童话中的女性》《阴影与恶：如何在危难中发起反攻？》《公主变成猫：如何激发你的潜意识力量？》等。

　　[3]　荣格在索努·沙姆达萨尼（Sonu Shamdasani）主编的《昆达里尼瑜伽心理学》（*The Psychology of Kundalini Yoga*，新泽西州普林斯顿：普林斯顿大学出版社，2012年）中提到这个观点。贝恩斯的文章《暂时性人生》被收录于《分析心理学和英国人的思想：以及其他论文》（*Analytical Psychology and the English Mind: And Other Papers*，伦敦：劳特利奇出版社，2016年）第4章，第61-76页。

　　[4]　塞涅卡：《致鲁基里乌斯书信集》（*Ad Lucilium Epistulae Morales*），理查德·M. 冈米尔（Richard M. Gummere）编辑，第三卷，勒布古典图书馆（Loeb Classical Library），马萨诸塞州剑桥：哈佛大学出版社，第1917-1925页。

　　[5]　玛丽-路易丝·冯·法兰兹：《永恒少年》，第1-2页。

　　[6]　同上，第8页。

　　[7]　荣格：《意象：荣格1930—1934年研讨会记录》（*Visions: Notes of the Seminar Given in 1930—1934*），克莱尔·道格拉斯（Claire Douglas）编辑，新泽西州普林斯顿：

普林斯顿大学出版社，1997年，第1147页。

［8］奥维德（Ovid），古罗马诗人。年轻时在罗马学习修辞，对诗歌充满兴趣。主要著作有《变形记》《爱的艺术》《爱经全书》《岁时记》《爱经·海螺》等。

［9］在现代文学作品中，小说家米歇尔·维勒贝克（Michel Honellebecq）笔下的主人公往往具有"少年"的特征：无精打采的生活，无法填补的空虚。我想不出还有什么能比他的作品更能说明这一现象。

译者注：米歇尔·维勒贝克本名米歇尔·托马，法国现代小说家、诗人、电影导演。曾获法国文学最高奖项龚古尔文学奖、国际IMPAC都柏林文学奖。主要著作有《地图与疆域》《血清素》《基本粒子》《一个岛的可能性》等。

［10］需要说明的是，这个阴影并不一定是坏东西：它只是一个人不喜欢自身某方面。这可能包括我们通常认为的好品质，比如驱动力、潜力、创造力等，这些品质由于一些冲突或创伤（比如不希望像父亲或母亲，因此不希望这些品质在自己身上出现）而被抹杀（并不总是有意识的）。一个人不可能真正永久地实现这一点，这些品质常常会试图让自己被看到，如通过表演、奇怪的梦、奇异的联想，或者注意到世界上的某些事物似乎具有象征意义等，这往往让表层的自我感到惊讶。

［11］　冯·法兰兹：《永恒少年》，第 157 页。

［12］　阿尔贝·加缪（Albert Camus）：《西西弗斯神话》
（*The Myth of Sisyphus*），贾斯汀·奥布莱恩（Justin O'Brien）
翻译，伦敦：哈米什·汉密尔顿出版社，1955 年。

［13］　当然，这是正念练习的基本思想之一。然而，这
并不完全符合荣格的观点，因为冥想的最终目的虽然是忘我，
但练习过程中仍然存在某种以自我为中心的内容。这里仍然
有一些"与世俗现实脱节"的东西，某种更像神而非人的
东西。

［14］　马塞尔·普鲁斯特（Marcel Proust，1871—1922），
20 世纪法国最伟大的小说家之一，意识流文学的先驱与大
师，也是 20 世纪世界文学史上最伟大的小说家之一。主要著
作有《追忆似水年华》《驳圣伯夫》《欢乐与旧日》《伟大的
思想》等。

［15］　马塞尔·普鲁斯特：《追忆逝水年华：盖尔芒特家
那边》，马克·特里哈恩（Mark Treharne）译，伦敦：企鹅经
典出版社，2005 年，第 575 页。

［16］　加缪，《西西弗斯神话》。

［17］　有传言说，最著名的非虚构小说家贾科莫·卡萨
诺瓦（Giacomo Casanova）参与了剧本的创作，这可能是谣
传。卡萨诺瓦是剧作家洛伦佐·达·彭特（Lorenzo da Ponte）

的朋友。莫扎特和卡萨诺瓦肯定同时生活在布拉格。也许有一天会出现一些具体的证据：我希望这是真的！

译者注1：贾科莫·卡萨诺瓦（1725—1798），极富传奇色彩的意大利冒险家、作家、"追寻女色的风流才子"，18世纪享誉欧洲的"大情圣"。卡萨诺瓦一生中最为重要的作品当数《我的一生》，穷尽了其晚年的精力创作得来，这部法语写成的自传式小说讲述了他一生的经历。卡萨诺瓦选择法语撰写是因为希望这本自传可以广为流传（中世纪时，法语是欧洲最广为流传的语种）。

译者注2：洛伦佐·达·彭特，意大利著名的歌剧填词人，也是一位诗人。他因和莫扎特合作完成了三部著名意大利歌剧而闻名，包括《费加罗的婚礼》《唐·乔万尼》《女人皆如此》。

［18］《唐璜传奇》（*The Don Juan Legend*），大卫·G. 温特（David G. Winter）翻译，新泽西州普林斯顿：普林斯顿大学出版社，2016年。

［19］奥托·兰克（Otto Rank，1884—1939），犹太人，奥地利心理学家、精神分析治疗师。他是早期精神分析最有影响力的人物之一，弗洛伊德早期三大追随者之一。

［20］亨利·米勒（Henry Miller，1891—1980），美国"垮掉派"代表作家。文风大胆深刻，通过大量的性描写以及

对人性的揭露，赤裸裸地呈现了腐化、破碎的现代西方世界。主要著作有《北回归线》《黑色的春天》《南回归线》《殉色之旅》《情殇之网》等。

［21］ 戈尔·维达尔（Gore Vidal，1925—2012），美国作家、公共知识分子。主要著作有《永恒的媚拉》《乱世大总统林肯》《政坛欲火》。

［22］ 请参阅芭尔芭拉·克拉夫托的回忆录《阿娜伊斯·宁：最后的日子》（*Anaïs Nin: The Last Days*，洛杉矶：天蓝出版社，2011 年），本书对这些方面进行了清晰而深刻的论述："金冠一簇簇地掉落在浴室的地板上，通过右侧的切口，她跟一系列袋子连接起来，胆汁和酸性液体从她破碎的身体排出，这些年来的痛苦和折磨使她成为一个凡人，由肉、骨和血组成。"

［23］ 奥托·兰克：《唐璜传奇》，第 21 页。

［24］ 罗伯特·路易斯·史蒂文森（Robert Louis Stevenson，1850—1894），19 世纪后半叶英国伟大的小说家。主要著作有《金银岛》《化身博士》《绑架》《卡特丽娜》等。

［25］ 奥斯卡·王尔德（Oscar Wilde，1854—1900），19 世纪英国最伟大的作家与艺术家之一，以剧作、诗歌、童话和小说闻名，唯美主义代表人物，19 世纪 80 年代美学运动的主力和 19 世纪 90 年代颓废派运动的先驱。主要著作有

《道林·格雷的画像》《莎乐美》《自深深处》《快乐王子》《无足轻重的女人》等。

[26] 这也是一个行之有效的练习，你可以试着从这些特征中找一找，看你符合哪些特征，你是否经历过从一个极点到另一极点的波动，以及为什么。你需要换个方向发展吗？你是否矫枉过正了？

[27] 詹姆斯·希尔曼（James Hillman），学者、作家、心理学专家、国际演讲家。他主要从事荣格学说的研究，是"后荣格原型心理学"研究的发起人。主要著作有《灵魂的密码》《治愈阅读》《梦想与底层社会》《内心的见解》等。

[28] 大卫·戴西（David Tacey）：《詹姆斯·希尔曼：心理学家的毁灭第二部分："少年"的问题》（"James Hillman: The Unmaking of a Psychologist Part Two: The Problem of the 'Puer'"），《分析心理学杂志》第 59 期，2014 年，第 486-502 页。

译者注：大卫·戴西，澳大利亚心理学家，师从美国心理学家、荣格学者詹姆斯·希尔曼。主要著作有《灵性革命》《如何读荣格》《重塑男人：荣格的灵性和社会变革》等。

[29] "詹姆斯·希尔曼：'老人'和'少年'"研讨会，2010 年 4 月 16—4 月 18 日，加利福尼亚"深度视频"（Depth Video）。

［30］　戴西：《詹姆斯·希尔曼》，第 486 页。

［31］　同上，第 493 页。

［32］　在《寻找灵魂的现代人》（*Modern Man in Search of a Soul*，伦敦：罗德里奇出版社，2001 年）第 114 页中，荣格也对这一问题做出了非常敏锐的评论："对心理治疗师来说，一个无法告别生命的老人，就像一个无法拥抱生命的年轻人一样，显得孱弱多病。事实上，在很多情况下问题都一样，同样的幼稚，同样的贪婪，同样的恐惧，同样的反抗，同样的任性，在一种和另一种情况中都是如此。"

［33］　比利·乔尔（Billy Joel），1949 年 5 月 9 日出生于美国纽约希克斯维尔，美国著名歌手、钢琴演奏家、作曲作词家。

［34］　比利·乔尔：《维也纳》（*Vienna*），1977 年 9 月 29 日录制，收录于哥伦比亚唱片公司《陌生人》（*The Stranger*）。

［35］　"27 岁俱乐部"（27 Club），又称"永远的 27 俱乐部"，是一个流行文化用语，指由一群过世时全为 27 岁的伟大摇滚与蓝调音乐家所组成的俱乐部。

［36］　詹尼斯·乔普林（Janis Joplin，1943—1970），美国歌手，19 岁时独自到旧金山发展，短短数年便赢得了"蓝调天后"的美誉。27 岁时，乔普林因服食过量海洛因逝世。

《滚石》评出的"史上最伟大50名摇滚音乐家"中，乔普林名列第46位。

［37］ 吉姆·莫里森（Jim Morrison），美国诗人、音乐家、摇滚歌星。他的乐队"大门"（The Doors）是20世纪60年代最重要的乐队之一。

［38］ 吉米·亨德里克斯（James Marshall），美国吉他手、歌手、作曲人，被公认为摇滚音乐史上最伟大的电吉他演奏者。

［39］ 精神分析学家丹·凯利用彼得·潘的形象重新诠释了这个问题，并将其视为自己的发明。见他的著作《彼得·潘综合征：永远长不大的男人》（*The Peter Pan Syndrome: Men Who Have Never Grown Up*，纽约：多德·米德出版社，1983年）一书。然而，正如我们所见，这一概念由来已久。有趣的是，《小飞侠彼得·潘》中的迷失男孩们最终都长大成人，并找到工作（银行家、办公室职员、法官等）逃离了彼得·潘的轨道。1987年，一部相当不错的吸血鬼电影用《迷失的男孩》做片名。"少年"和吸血鬼的相似之处现在应该很清楚了：他们都不会长大。詹姆斯·巴里的第一部小说《彼得·潘》理所当然用《长不大的男孩》做副标题。

［40］ 约瑟夫·霍夫曼（Josef Hofmann，1876—1957），波兰著名钢琴家。代表作品有《约瑟夫·霍夫曼演奏的肖

邦》。霍夫曼兴趣广泛，是教师、作家、作曲家、发明家（拥
有约 70 个专利权，从避震器到蒸汽汽车，范围广泛）、语言
学家，同时也是网球、扑克牌和西洋棋的爱好者。

"防弹"生活

记住生物黑客的第一条规则——首先去除那些让你变虚弱（或衰老）的东西。

——戴夫·阿斯普雷《超人》[1]

戴夫·阿斯普雷是一位相当精明的商人，他的目标是活到 180 岁。为此，他推出一整套"防弹"健康产品让大脑和身体处于最优状态。本章的主旨并非认为"防弹"产品本身有问题，而是应该用正确的方法"防弹"。"防弹"容易让人顾名思义地想到逃避。荣格的一位学生约兰德·雅各比对此有过无懈可击的表述：

> 正如我们所见，个体成功的决定性因素既不是生命的长度，也不是生命免受干扰的程度，而是在美好和困难中度过一生。[2]

这是一个非常类似斯多葛学派的说法，不禁让人想起塞涅卡。然而，雅各比将人生的各个阶段都纳入这一观点，最终肯定塞涅卡的洞见，即尽管生命短暂，"将所有阶段都压缩到很短时间内，也可以实现人的成熟和完善，我们已经从无数年轻时就已才华横溢的出类拔萃的人物身上印证过这一点"[3]。

许多人天生就有一种倾向，试图让自己免受任何和所有攻击——"防弹"。这种想法完全可以理解——不希望受到伤害，要变得无懈可击。但我们必须意识到，过分实现这一切的代价是什么。每增加一件新盔甲，就会将自我的一部分推入阴影世界，让它无形中控制你的行动。如果这样做的次数足够多，那么留在人们视野中的自我就会成为某种所向披靡、熠熠生辉的野兽，能够对抗一切。英国精神分析学家琼·阿伦戴尔把这种光芒四射的野兽称为"我的堡垒"[4]。这个堡垒虽然有保护作用，但它使得堡垒里的居民生活在一个唯我和孤独的世界里。实际上，它更像是结痂的痂皮，用来保护脆弱的内部。本章开头引用的阿斯普雷的名言暗示出这种形象（例如完美的身体或心灵），任何偏离这一形象的行为都会受到迅速而严厉的处理。

在某种程度上，强调积极创造未来的自我有很多可取之处，但从这种理想化到病态化却是一种倒退。例如，从身体迷恋症到贪食症或某种身体畸形，只有一步之遥。任何偏差，无论多么微小，都被视为缺陷或弱点。我们倾向于认为这主要发生在女性身上。然而，它也可能以肌肉上瘾症的形式出现，这个问题困扰着许多健美运动员，并导致他们可能采用明显不健康的做法，如使用合成代谢类固醇。这被视为过度重视未来的情况：一个人伤害当下的自我，试图获得理想的未来自我。只是在这里，情形更糟糕，因为臆想中的未来形象往往不切实际。这通常会导致两个自我的生活都变得更糟糕。

毫无疑问，社会中存在的许多焦虑归根结底是普遍的身体畸形恐惧症，在这种情况下，现实的自我永远无法匹配理想，因此，人不能把这样一个带瑕疵的自我暴露于世，真恐怖！[5] 这与塑造未来自我的真实性有关，因为一个人必须非常小心，创造出的自我不是某种理想化的产物，他部分由一系列过去的创伤或某些情结产生，部分由某种理想产生，但本质上由当前的社会趋势培育出来。

男性心理"防弹"的一种重要形式，恰恰是上一章讨论过的"永恒少年"情结。这种情结预设性别角色，现在可能不太流行。不过，我认为它仍有很多值得我们学习的地方。荣格分析学家、自认是准改革者的"少年"学者达里尔·夏普非常恰当地表达出这一情结的特定方面，其措辞与我们的讨论非常吻合："永恒少年"包括了多重要素，其中最关键的一点对男女都适用：无法承诺。这不仅仅指恋爱关系，还包括任何繁重的任务。他们追求完美的伴侣、完美的生活，但并不是以那种锲而不舍和延迟满足的方式。[6]

"少年"确实不能很好地处理延迟满足：这是一种限制，一种承诺，对未来的承诺。达里尔·夏普再次完美地概括了这一理念：

> 在幻想未来将会发生什么、可能发生什么时，未来的计划悄然溜走，却没有采取果断行动去改变什么。他渴求独立和自由，对边界和限制耿耿于怀，认为无拘无束才好。[7]

正如他后续指出的那样，监禁的形象恐吓着"永恒少年"，但这些栅栏由他自己制造。从表面上看，解决办法相当简单：突破！做出选择，承担后果，不管是好是坏。活下去！但从内心来看，这样的决定会引发致命的恐惧。任何偏离舒适圈生活的举动都可能破坏生存。所以，最好什么都不要做，小心行事。然而，正如最后一章所言，真正的栅栏才是通往自由的道路。因为，除了实施意志的决定性行动，自由还有什么呢？行动的自由。这种果断的行动，又何尝不是为了一个结果而放弃其他选择：致力于这个结果，把自己关进监狱？然而，"防弹"本质是一种回避，因为它预见到威胁。

"少年主义"（与真正意义上的自恋型人格障碍相同）更危险的方面是，它可能导致无限自大或膨胀。这听起来似乎不是什么坏事，但如果在一个人的认知里，自己（或他人，甚至世界）的形象过于华而不实，那么他很难真的实现这一点。[8] 还有一种更极端的畸形，表现为对自己身份的攻击，而不是对自己身体或某些方面的攻击。如果一个人认为自己应该是某种样子、某种自我，而自己却没能得偿所愿，那么很显然，事与愿违时，这个人就有毁灭的风险。这种现象经常出现在人际关系中，尤其是 B 群患者[9]，在这种情况下，它表现为最初对爱的对象过于理想化，这种过度理想化毫无疑问会被粉碎，必须面对现实。父母也可能过度理想化自己的孩子，形成一种无法实现的理想状态，导致孩子因无法达到或维持完美主义而不可避免地感到羞愧（事实上，这往往会导致 B 群病态）。回顾上一章中关于天才的例子，澳大利亚钢琴家杰弗里·托萨[10] 就是一个可悲的例子，他卓尔不群的才能来源于情感上与母亲乱伦。在许多人看来，他醉生梦死，成绩不佳，浪费自己的天赋。

当然，奥维德的《变形记》中最早讲述了关于自恋的神话，它是一个警示寓言。[11] 这种自恋贻害无穷，不仅伤害那喀索斯本人，也伤害了爱他的人。因为无法与那喀索斯沟通，艾柯悲痛欲绝。当然，从心理学角度看，这根本不是自爱，只是对虚假自我的爱——"我"的堡垒。它是一种建筑，通常是因创伤形成的防御性反应，或是为了支撑过高的期望，保护真实的自我免受进一步的攻击或不再被认可。虚假自我恰恰应该提供核心身份的"防弹"功能——"情感导弹"防御系统。在这方面，奥维德下面这几行诗句尤为贴切："他永不满足地凝视着那个虚假的形象，迷失在自己的幻象中。"[12] 继续说下去，问题是，从这个意义上说，完美主义者就像柏拉图主义者，对生活的各个方面（人际关系、自我、工作等）都有自己的看法。柏拉图形式的问题在于，现实世界永远无法实现他们的要求，永远只是投射在洞穴墙壁上的乏味阴影。

尽管如此，你可能会觉得，有些理由认为，"老人"的原型牢牢地扎根于现实，兴味索然，而"少年"则令人兴奋。的确如此。但我们关心的是如何在短暂的人生中好好生活。"少年"比大多数人更不自觉地生活。他们被内心深处的情结所左右。当他们行事时，停下来问问自己为什么这样做，他们会觉得味同嚼蜡——除非他们感觉很好时！荣格心理分析学家詹姆斯·霍利斯[13]把一个人过去的（消极）模式称为"幽灵"[14]。我们常常被"幽灵"困扰——那些持续存在的经历。荣格本人的一段话很有启发性：

> 无论父母和祖父母对孩子犯下多大的罪过，真正成熟的人都会接受这些罪过，把它视为自己必须面对的处境。只有傻瓜才会对别人的罪过感兴趣。他会扪心自问：我是谁？为什么这一切会发生在我身上？[15]

与荣格的其他文章一样，这里也有强烈的斯多葛主义的味道。它再次回到宇宙里的选择问题，究竟是被动还是主动，而要完成这一任务，就必须遵循刻在阿波罗神庙的德尔斐神谕中的那句古老格言："认识你自己。"除非拥有这种自知之明，否则自己在宇宙中是被动还是主动将无从谈起。

因此，"防弹"可以被视为一种典型的神经质：无法接受自己的真实状态，或者至少未能根除任何可能不属于我们的、在我们不知情的情况下控制我们的组成部分，并据此建立自己的世界。再次强调，健康和健美是一回事，拥有"防弹"等于刀枪不入。因此，逃避脆弱不过是一种自我鞭挞的形式。

在某种程度上，这与第 4 章中提过的萨特的存在主义背道而驰。因为我们认为你是核心的存在。只要能让行为指导因素显现出来，你就注定会成为这样的人。你的本质，就是你的真我。有的时候，人们几乎能从身体感觉上感受到这一点。当一个人知道自己在做正确的事情时，会将行动与目标保持一致。"防弹"就是把自己所有不喜欢的东西都藏到地毯下面，藏在阴影里，而非坦然面对自己的缺点和真实的自己。根据荣格的"阴影"洞见，所有本应使人变得软弱的零碎部分，被丢弃后，都会在心灵里找个地方藏匿，造成各种各样的麻烦。使人软弱的东西，往往也是使人富有人性的东西。[16]

对发展至关重要，而且在很大程度上与"防弹"概念相反的，是通过肃清旧生活的方式勇敢地迈向新生活。这是一种极其脆弱的行为。修剪树枝并非仅仅从理智上理解一棵决策树，还要从认知上理解，如果选择其中一根树枝，那么其他树枝就会消失。这就好比阅读有关葡萄酒或音乐的书籍，并期望以此完全替代直接体验葡萄酒或音乐。[17] 选择一条道路去走，在许多情况下，这足以一劳永逸地关闭其他选择，例如，一旦为人父母，就无法"不成为"父母！这无法避免。这就是"少年"的合理恐惧：真正的自由行动会带来货真价实的、非同小可的后果。

从这个意义上说，修剪可能性分支是以个体化为核心的。同样，个体化也是这个世界最妙不可言却又最平淡无奇的特征的核心：我们能在一定程度上控制宇宙的演化。我们决定着它的结构，哪怕只是以非常微小的方式。[18] 我认为，大多数人都会本能地觉察到这一点，然而面对此千钧重任，他们知难而退，变得渺小。相反，他们变成了纯粹的物品，任由大自然摆布。事实上，如果你顺其自然，大自然就会按照它的既定规律引领你的未来。从这个角度看，我们可能把诉诸东方传统（如通过冥想来平息焦虑的方式）视为最糟糕的方法：完全逃避决定。这是"少年"的天堂！在这些练习中，重中之重是体验，是"当下"，但不会对现实、对外部世界产生任何影响：人还是一如既往地在原来的世界。这是最大限度地"防弹"，因为没有自我可以受到伤害。在很多方面，这可能是一种积极的体验（就像喝醉或嗑药一样），但这并不能治愈因危机产生的焦虑。这是逃避。出路在于运用自由这种奇迹。但这也存在风险，因此，反复强调一点，我们必须小心谨慎，确保自己的意愿真的是自己的意愿，这样才不会冲动地四处跳跃，表面是勇敢，实际只是鲁莽。这就是为什么个体化过程（使一个人的行为和信念的隐藏驱动力显现出来）如此重要的原因。正如雅各比所说：

> 意志的自由只能延伸到意识的极限。一旦超越这些极限，我们将不再拥有辨别力，有意识的选择和判断力消失得无影无踪，进而被潜意识的冲动和性情所控制。[19]

正如我们前面所看到的，临时生活（逃避决定）并不是避难所。虽然看似安全无虞（逃离承诺），但实际上只是让死亡更靠近：

> 逃避生活并不能使我们摆脱衰老和死亡的法则。神经质的人试图摆脱生活的必要性，却一无所获，只会让自己不断预感到衰老和死亡的滋味。由于他的生活味同嚼蜡、百无聊赖，这种滋味显得尤为愁肠百结。[20]

"防弹"就是躲在保护屏后面，而这恰恰是逃避生活。再次引用冯·法兰兹的描述，仿佛在回应本章开头的引言：

> 如果你铤而走险进入生活，面对现实，而不是置身事外逃避痛苦，你会发现，大地和女人就像一块沃土，你可以在上面辛勤耕耘，而生活本身也包含着死亡：如果你将自己奉献给现实，你会理想破灭，结局是与死亡相逢。如果你接受生命，那么从最深刻的意义上说，你就真的接受了死亡，而这正是"少年"所不愿意接受的。他不愿意接受凡人终有一死的现实，这就是他不愿意接受现实的原因，因为现实最终会让他意识到自己的脆弱和必死。他认同不朽，不接受凡人的与生俱来的死亡性，但进入生活，他将接受凡人的这一点。[21]

这就是"防弹"者的命运。[22] 或许在一定程度上，对自己的身体和健康"防弹"大有裨益。但我们不要给自己穿上防弹衣，这会导致孤独和无意义的存在。[23]

注 释

[1] 戴夫·阿斯普雷（Dave Asprey）：《超人》（*Super Human*），纽约：哈珀出版社，2019 年，第 232 页。

[2] 雅各比：《个体之路》（*Way of Individuation*），第 131 页。

[3] 同上，第 32 页。

[4] 琼·阿伦戴尔（Jean Arundale）：《身份、自恋和他人：客体关系及其障碍》（*Identity, Narcissism, and the Other: Object Relations and Their Obstacles*），伦敦：Karnac Books 出版社，2017 年，第 37 页。

[5] 阿斯普雷甚至还写过一本书，暗示下一代也有这种疾病——《更好的宝宝书：如何拥有一个更健康、更聪明、更快乐的宝宝》（*The Better Baby Book: How to Have a Healthier, Smarter, Happier Baby*），纽约：约翰威利父子出版社，2013 年。我想指出的是，阿斯普雷还支持使用"声波疗法"治疗勃起功能障碍，以制造出这些可怜的"超级宝宝"，他从未承认大多数此类功能障碍并非生理原因，而是由他所倡导的完美、零缺陷的形象引发的焦虑。阿斯普雷品牌背后的科学与奥布里·德·格雷的《衰老的线粒体自由基理论》（*The Mitochondrial Free Radical Theory of Ageing*，得克萨斯州奥

斯汀：R.G. 兰德斯公司，1999 年）有相当大的关联。他们显然是同道中人，我还想补充一点，阿斯普雷吹嘘在多个国家给全身注射了干细胞（包括他的大脑）。至于这种做法是否病态，就由你们自己判断。请注意，我并不是说这些干预措施不起作用：它们很可能起作用，问题在于如何评估和利用自己的时间。在这种情况下，假设这些方法有效，那么一个人生命的延长就是用另一种占用时间的方式。正如美国知名散文家拉尔夫·沃尔多·爱默生所说："重要的不是生命的长度，而是生命的深度。"［哈罗德·布鲁姆（Harold Bloom）主编：《拉尔夫·沃尔多·爱默生：诗集和译文集》（*Ralph Waldo Emerson: Collected Poems and Translations*），纽约：美国图书馆，1994 年，第 425 页］。

　　［6］ 达里尔·夏普（Daryl Sharp）：《荣格词典：术语和概念入门》（*Jung Lexicon: A Primer of Terms and Concepts*），多伦多：内在城市出版社，1991 年，第 66 页。

　　［7］ 同上。

　　［8］ 更糟糕的是，人们可能会试图以独裁者的方式来实现理想并破坏世界！这揭示了"雕塑"式未来观的奇特之处，即那些看似默默接受这一观点（这与自恋有关：认为自己不能控制任何事情和做任何事情）的人往往会很好地实施这一观点，并带来毁灭性的后果。

[9]《精神疾病诊断与统计手册》第五版（华盛特区：美国精神病学协会，2013年）中的 B 类人格障碍包括边缘型、戏剧型、反社会型和自恋型人格障碍，这些人格障碍通常跟难以调节情绪有关，但其失调的诱因往往与某种理想化的完美现实愿景（虚假的自我）和现实本身（对应于失败的投射）之间的不匹配有关。在这些现实扭曲症中，因为不真实的感觉（缺乏真实的自我）和无法实现完美的愿景（产生一种羞耻感），自杀很常见。如果不自杀，那么就必须通过一种叫"分裂"的过程来消除这种令人不快的现实，这是一种防御机制，以保持自我堡垒的完整性。参见奥托·克恩伯格（Otto F. Kernberg）的《边缘条件和病态自恋》（*Lanham, MD: Rowan & Littlefield, 1995*）了解更多细节。

译者注：奥托·克恩伯格（1928— ），美国著名精神病学家，当代精神分析客体关系理论的集大成者，国际精神分析协会（IPA）前主席，克恩伯格是人格障碍（尤其是边缘型人格障碍和自恋型人格障碍）研究和治疗领域的世界性权威。主要著作有《边缘性人格障碍的移情焦点治疗》《人格病症的心理动力学疗法》《人格病理的精神动力性治疗：治疗自体及人际功能》《爱情关系》等。

[10] 杰弗里·托萨（Geoffrey Tozer），澳大利亚优秀钢琴家，8岁就与墨尔本交响乐团合作巴赫协奏曲，被当地媒体

誉为"天才、澳大利亚最好的钢琴家"。

[11] 奥维德：《变形记》，安东尼·克莱恩译。

译者注：普布留斯·奥维第乌斯·纳索，通称奥维德（前43—18），是古罗马奥古斯都时期的重要诗人，与贺拉斯、卡图卢斯和维吉尔齐名。主要著作有《变形记》《爱的艺术》《爱情诗》《爱经全书》等。

[12] 同上，第三卷，第402-436页。

[13] 詹姆斯·霍利斯（James Hollis），荣格派著名心理学家、心理分析师、畅销书作家。主要著作有《在后半生寻找意义：如何真正地成长》《过被审视的生活：人生后半程的智慧》等。

[14] 詹姆斯·霍利斯：《闹鬼：驱散破坏我们生活的幽灵》（Hauntings: Dispelling the Ghosts Who Ruin Our Lives），北卡罗来纳州阿什维尔：Chiron 出版社，2013 年。

[15] 荣格：《心理学与炼金术》，R.F.C. 赫尔译，伦敦：Poutledee 出版社，1980 年，第 152 段。

[16] 人们可以在所谓的"好人综合征"中发现这种阴影现象的有趣变体，在这种综合征中，所有的坏情绪、所有的自私等都被隐藏起来（不是消除，只是隐藏）。当然，"好人"通常与此相去甚远：阴暗、不诚实、不真实。他们的"完美"本身就是一种不完美，很容易被人发现并找到不足。

这种"完美"由一个非常丑陋的阴影支撑着，就像道林·格雷那幅怪诞的阁楼画像。一个人应该让自己身上某些怪诞的部分重见天日，成为自己意识的一部分，以免它们一直隐形，进而在阁楼里夺取控制权。

［17］ 用荣格的话来说："我们需要的不是'知道'真理，而是去'体验'真理。不是对事物有一个理智的概念，而是要找到通往内在的，也许是无言的、非理性的体验道路。这才是问题的核心。"《象征的生活》（*The Symbolic Life*），R.F.C. 赫尔译，新泽西普林斯顿：普林斯顿大学出版社，1919 年，第 558 页。

［18］ 这可能不是一件小事。数学家约翰·康威（John Conway）和西蒙·科亨（Simon Kochen）提出的所谓自由意志定理表明，宇宙对我们的干预持完全开放态度。正如他们所说："西奥多·罗斯福修建巴拿马运河，这表示自由意志可以移山填海，意味着根据广义相对论，即使空间的曲率也不是确定的。演出进行时，舞台也可以还在搭建中。"（《自由意志定理》，《物理学基础》第 10 期，第 36 卷，2006 年，第 1441-1473 页）。

译者注 1：约翰·康威（1937—2020），英国数学家，在组合博弈论、数论、群论等多个领域都颇有建树，曾用数学理论设计多款游戏，也被称为最擅长科普的数学家，是著名的

《生命游戏》的缔造者。

译者注 2：西蒙·科亨，数学家，他与恩斯特·施佩克尔（Ernst Specker）于 1967 年提出科亨·施佩克尔定理，这是贝尔定理的补充。

［19］ 雅各比：《个性化之路》（*Way of Individuation*），第 102 页。

［20］ 荣格：《转变的象征》，R.F.C 赫尔译，新泽西州普林斯顿：普林斯顿大学出版社，1967 年，第 617 页。

［21］ 冯·法兰兹：《永恒少年》，第 156 页。

［22］ 我在上面写的这些话有点讽刺意味，因为说实话，我现在（或者说曾经，我在一点点改进……）是最严重的违规者。我承认自己仍然在使用一些"防弹"和相关产品以刺激自我。我希望自己做这件事时心理健康！我的"防弹"无疑在靠近真正意义的自恋边缘，如此"防弹"会没有人性。我怀疑阿斯普雷和他的"防弹"团队和我一样，都在努力追求人性。"黑客"这一术语表明将身体和生命视为机器的观点。我也认为这是一个很好的成果，成为一个机器而非人类：比人类更好等于超人类！

［23］ 的确，我们普遍倾向于给孩子从小"防弹"，以保护他们远离任何可能的意外。当然，这一切只会让他们远离生活，失去阅历，从而失去意义。难怪孩子们会流行焦虑症。

生与死的意义

通常，人们认为在水面上或空气稀薄的高空中行走是个奇迹。但我认为，真正的奇迹并非在水上或高空中行走，而是在大地上行走。我们每天都在参与着自己都不曾意识到的奇迹：蓝天、白云、绿叶，孩子好奇的黑眼、我们自己的双眼。一切都是奇迹。

——一行禅师《正念的奇迹》[1]

我是一个生性愤世嫉俗、满腹狐疑的人。即使抛开我在
前一章中所讨论的这类做法的固有回避性，"正念"这个概念
（以及这个词本身）也深深触动了我那根深蒂固的约克郡人
的敏感神经。然而，当我们剥开这些滑稽的字眼、听起来很
新时代风格的层面后，就会发现一个毋庸置疑的事实：我们
中的大多数人几乎真的很少活在当下——几乎从不。[2] 对于
周围这些存在于每个物体中的昭然若揭的奇迹，我们视而不
见。据我们所知，这些物体本可以不存在。诚然，我们会把
日常现实视为理所当然。我们的思想常常发散，想到很多其
他事物——过去和未来的，而非根植于现实的事物：明天必
须做的事，对朋友说过的话，本该对爱人说却没说出口的话，
担心鼻子上的那块斑点是否会被人看到。大脑从不休息，就
像边行走边演奏的乐队一般，留意着臆想观众的评判和拒绝。
思想像眼球一样快速跳动，从未觉察，从未静止。当然，他
们并没有意识到自己行为背后隐藏的驱动因素，因此经常发
现被自己的行为所背叛，进而对此感到困惑和沮丧。

无论短暂还是漫长，真实还是临时，这都不是真正的生
活。借用荣格的比喻，这种存在模式就像软木塞在波涛汹涌

的大海中颠簸。正如约兰德·雅各比（我们之前介绍过的荣格的学生）所说，这相当于"我做"和"我有意识地做"[3]之间的区别。仅仅有意识不够，更重要的是意识到自己有意识。要真正地注意到这一点。只有具备这种后退一步的能力，人们才能欣赏周围那些平凡的奇迹，才能说真正过一种深思熟虑的生活。

正如哲学家兼小说家大卫·福斯特·华莱士[4]2005年在凯尼恩学院的演讲所言，真正的自由"意味着有足够的意识和觉悟去选择自己关注的事物，以及如何从经验中构建意义。如果成年后，你还不能行使这种选择权，你将岌岌可危"[5]。他还说道：

> 唯一绝对正确的是，你可以决定如何尝试去看待它。你可以有意识地决定什么有意义，什么没有意义……诀窍在于在日常意识中始终保持直面真相。[6]

在这里，我想到泰伦斯·麦肯纳的"彻底自由"思想，根据他的思想，你应该控制自己的身体、思想和自我。[7]如果你暂时不考虑这些是由会说话的蘑菇告诉麦肯纳的话（这可能发生在任何人身上……），那么下面这段话也精妙绝伦：
"你必须有一个计划。如果没有，你就会成为别人计划中的一
部分。"塞涅卡也说过类似的话：

> 所有心神不宁的人都很可悲，但最可悲的是那些为
> 非出自本心的困扰而纠结的人。他们随着别人入睡而入
> 睡，跟着别人的步伐而行走。就连爱恨情仇这种最自由
> 的东西，他们都听命于人。如果他们想知道自己的生命有
> 多么短暂，就应该想想其中有多少是自己真正拥有的。[8]

正如我们在第 5 章中所表述过的，这部分是个性化工作。
但在此基础上还有另一个因素，那就是真正地看到这个世界
的全部荣光，而且，至关重要的是，要考虑到自己留意到的
东西：回到之前的主题，没有你的留意，这一切都毫无意义。
如果问什么是奇迹的话，我们在这里、我们为世界提供意义
就是奇迹。人们常说，科学的进步让这一切烟消云散。传说
中，宇宙还有我们，都只是一个毫无意义的事件的结果。宇
宙大爆炸并不知道我们的到来。美国物理学家史蒂文·温伯
格 [9] 表达过这一观点，并将其视为科学思维的一部分：

人类几乎不由自主地相信，我们与宇宙有某种特殊的关联，人类的生命并非一连串偶然事件的结果，而是可以追溯到最初的三分钟，从一开始就以某种方式内置于其中……我们很难意识到，这一切（即地球上的生命）仅仅是充满艰难险阻的宇宙的一小部分。更难以理解的是，现在的宇宙从一个陌生到难以言喻的早期状态演化而来，未来将面临无尽的严寒或难以忍受的酷热导致的灭绝。宇宙越是看似可理解，就越是显得毫无意义。[10]

我不同意温伯格的那种赤裸裸的唯物主义观点，即人类是一个莫名其妙的偶然。实际上，我认为人类是宇宙中不可或缺的创造力量。至少，科学世界观不应该排斥宇宙存在这一奇迹般的事实，以及人类赋予其意义的方式：到目前为止，科学仍无法解释宇宙的存在，只知道存在着哪些事物以及它们的运转规律，即使是这方面内容，科学目前了解得也不充分。只要看看关于时间是否真实、未来是否存在、空间是否无限可分等问题的持续辩论（至少自前关于苏格拉底时期的巴门尼德[11]的辩论就一直持续），就明白这点。过去在对立立场之间摇摆不定，现在还是如此。我们甚至不知道物理最基本的元素的性质，更不用说它们为什么存在。仅仅因为我们的科学无法充分描述这些最重要的问题，我们就对它们视而不见，这多么狭隘啊！有人可能会像亚瑟·爱丁顿[12]爵士那样说，凡是小到无法用渔网捕获的东西就不存在。

　　无论如何，在上述段落中，很多都取决于"如何理解"。温伯格希望的是纯粹通过物理定律来理解。像许多现代物理学家一样，他认为一旦我们确定基本粒子的详细信息，剩下的事情都会迎刃而解。这是无稽之谈。找到一种万物理论，比方说超弦理论，并不能解释生活的意义，也不能解决存在之谜。在这样的理论里，无法找到家的感觉。没有一种看不见的秩序能让一切变得有意义。理解宇宙意味着理解它所包含的一切，包括人类和意义。理解人在宇宙中的角色，我们得出与温伯格截然相反的结论，也就是罗杰·彭罗斯在第3章中明确指出的反哥白尼式结论：一个没有人类的世界确实毫无意义。相反的想法只是当今以科学为名的狂妄自大的产物。

　　事实上，其他几位伟大的物理学家并不认同温伯格的荒

诞观点。约翰·惠勒 [13]（温伯格在得克萨斯大学的同事）的
观点恰恰相反，他甚至比彭罗斯走得更远：

> 今天，我认为我们开始怀疑，人类并不是这台庞大
> 机器中无足轻重的小齿轮，相反，人与宇宙之间的联系
> 比我们想象得更为紧密！在某种深层意义上，物质世界
> 与人类息息相关。[14]

没有我们，宇宙毫无意义——我还想说，这是不可想象
的——你可能认为想象出一个没有人类的世界易如反掌，但
你的观点仍然来自主观立场。人类的主体性提供了推动宇宙
运行的引擎，我们相互依赖。在这种情况下，人类位于宇宙
存在之谜的核心位置。惠勒认为，像温伯格试图做的那样，
仅仅从物理学角度理解一切属实不可理喻：没有人，就没有
意义。[15] 荣格在回忆录《回忆、梦与思考》中也写道："没有
意义，就没有理由。"

要完成创造，人不可或缺。事实上，人本身就是世界的
第二个创造者，只有他 / 她才赋予了世界客观的存在——没有
他 / 她，世界将在千百万年中无声无息地进食、生育、死亡、

点头，直至到达不为人知的尽头。人的意识创造了客观存在和意义，人类在其伟大的发展进程中找到了自己不可或缺的位置。[16]

除非有一个主体将宇宙反映为一个客体，将混沌变为有序，将潜在性转化为现实性和客观性，否则宇宙压根就不是一个客体。[17]我们在这样一种二元性中紧密相连，这正是意义产生的源泉。还有什么能比在宇宙的创造过程中承担某种责任更有意义的呢？[18]

投桃报李，宇宙通过生命的终结为我们提供意义。退一步说，这似乎没有生命本身那么神奇，但宇宙给生命提供意义，而生命在宇宙的创造过程中承担责任，这两者的神奇确实如出一辙。死亡不是一个必然的事实：它本可以不是这样，我们就不会因为想象其他可能而自相矛盾。生命的短暂使人聚焦。此外，注意到世界的存在及其明显的无根据性，很快就会产生一种想法：世界并非必然存在。这是一个令人焦虑的想法。正如叔本华所说："使形而上学、永不停歇的时钟保持运转的不安感，是意识到这个世界的不存在与存在具有同样的可能性。"叔本华也将思考存在问题的强烈冲动与死亡所提供的限制联系起来：

> 如果我们的生命永无止境、无忧无虑，也许没有人
> 会去思考，世界为什么会存在，世界为什么是这样。一
> 切都被视为理所当然。[19]

我们经常说，生命（或存在）是一种奇迹，而死亡（非存在）则是它的对立面，是需要与之斗争的东西（也许是某种邪恶）。如果我们通过死亡所提供的时间界限和短暂性来看待生命，就可以避免这种广泛的两极分化，因为死亡使我们在面对选择时必须做出决定，将生命从可能性的领域带入现实范畴，而不仅仅停留在可能性（或暂时性，正如我们所看到的，这根本不是生命）。德国小说家托马斯·曼[20]将这一点阐述得淋漓尽致：

> 我所相信的，我最珍视的，是短暂性。
> 但是，短暂性——生命的易逝性——难道不是一件非
> 常悲哀的事情吗？不！它是存在的真正灵魂。它赋予生
> 命价值、尊严和情趣。短暂地创造了时间，而"时间才

是本质"。至少从潜力上看，时间是至高无上、最有裨益
的礼物。

时间与一切创造性的、积极性的事物息息相关，与
朝着更高目标的每一次砥砺前行完全相关。

没有短暂性，没有开始或结束，没有出生或死亡，
也就没有时间。"永恒"——意味着时间永不停歇、永不
开始——是一片停滞的虚无。它一定枯燥无味。

生命拥有巨大的韧性。即便如此，它的存在仍然需
要条件，有始必有终。正因为这样，我相信，生命的价
值和魅力才会大大提升。[21]

这恰如其分地概括了我在这本小书中一直试图阐述的信
念，只不过这是一位伟大的作家的总结。然而，正如我们所
看到的，曼本人只是总结了千百年来相同的思想，尤其是我
们已经看到塞涅卡本人——曼的"停滞的虚无"就是塞涅卡
的"在原地马不停蹄地打转"，就是荣格的"临时生活"。

同样，文艺复兴时期伟大的散文家米歇尔·德·蒙田[22]
（人们普遍认为他是这种文体的鼻祖）撰写了一本自助指南，

他自己也更新了塞涅卡关于生命短暂的著作，题为《学习哲学就是学习死亡》（1580 年）。他在书中写道：

> 我们种族的终极目标是死亡。它是我们目标的必然结果，如果这让我们感到恐惧，我们又怎么可能云淡风轻地前进一步呢？庸人的补救办法是不想它，但他们有多么野蛮愚蠢，才会如此极端盲目呢？他们必然是"一句合头语，万劫系驴橛"。

> 你的死亡，是宇宙秩序的一部分，是世界生命的一部分。[23]

按照柏拉图的观点（正如他在《斐多》第 67 篇中所表达的那样——这是一段用苏格拉底式的口吻开展的对话，当时他正准备喝下毒芹），哲学首先且至关重要的是构成一种"为死亡做准备"的训练（被理解为灵魂与肉体的分离）。原因看起来很像佛教的观点，因为哲学家要过无牵无挂、冰清玉洁的生活（或者根据柏拉图的观点，其生活方式应该是不饮酒、不做爱、不享受肉体的快乐）。但更重要的是，哲学家已经体验到永恒的理念，那不是普通的感官体验，前者才是哲学家的果腹之物。如果哲学反对肉体，而死亡则是不朽的灵魂舍弃掉肉体，那我们可以接受他的观点。但是，即便我们不接受这种苛刻而过时的观点，哲学仍然可以作为一种死亡准备，为我们提供心理工具，帮助我们理解死亡作为世界的善而非恶的力量的意义。

我认为，死亡施加的限制至关重要。它就像一个闪烁的大霓虹灯，召唤着我们的生命。这种限制在危机时刻最为显而易见。有时，我们会恍然大悟自己正站在人生的十字路口，或者感觉自己立于悬崖边缘。这种感觉就是焦虑，因为我们知道在这种时刻，自己正以不可逆转的方式修剪掉一些可能性。我认为，这种焦虑合情合理，因为这是一件至关重要的事情。当然，这通常发生在中年，因为我们知道自己也正处于人生的转折点：充其量，离终点还有一半。此时，决定似乎变得更加重要，因为我们的选择也变得越来越有限。事实上，"危机"一词正是来源于希腊语中的"决定"——krinein。然而，不做决定等于生活在非真实环境里，在这种情况下，所有可能性依然存在。让自己拥有选择权的做法看似聪明，类似于精明的金融投资组合管理，但它只会轻易地使人脱离现实，停滞不前，接近死亡（我猜测，即使老年学发展得再好，也无法阻止死亡的到来），人就越发没有真正生活过。此外，一个人的可能性仍会被无情的时间推进所修剪，而不是被主观意志有意识地修剪。这样，人只会一事无成，一言不发，无法回答宇宙向你提出的问题，如荣格所言：你是谁？

生命是奇迹，但死亡也是奇迹。死亡是意义诞生的地方，死亡是成长的源泉。当然，即使在正统生物学中，死亡也以这种方式构成生命结构的核心。[24] 有一个奇特的生物学例子显示了死亡和某种限制的重要性，正如英国生态学家梅尼的伍德利（迈克尔·伍德利，梅尼男爵之子）所指出的。他因研究种族和智力问题而成为一名备受争议的人物。他认为，由于生存变得越来越轻而易举，我们变得越来越愚不可及——这就是"伍德利效应"，即自维多利亚时代以来西方人的平均智力水平在下降。现在，生存或多或少都不再是问题。当然，我们也可以称其为"叔本华效应"，因为实际上叔本华在其关于质疑心态与受苦受难之间的关系的评论中，也表达过同样的观点。

根据约翰·B.卡尔霍恩的工作，伍德利举了一个例子[25]：

> 在"乌托邦"环境下饲养的老鼠群落——即资源丰富、没有天敌的环境——虽然最初会呈现持续的种群增长阶段，但最终这个群落停止繁殖走向灭亡。值得注意的是，在该群落存在的最后阶段，老鼠表现出许多异常行为，包括……类似自闭症的行为。[26]

因为无拘无束没有限制，老鼠"失去了自己的意义"，群落发展停滞不前。他接着将这话题引申到人类，认为"有证据表明，当今同样的过程正在现代化的人类群体中上演"[27]。虽然有些夸张，但必须承认这其中蕴含一定道理，随着我们治愈越来越多的疾病，生活变得越来越得心应手，我们也有可能面临老鼠那样群落发展停滞不前的风险，可能出现某种形式的崩溃，要么以生命消亡的形式，要么以文化和价值观消亡的形式。[28]那些已经获得一定程度的安逸但起点并不高的人深知其中的道理——当一个人的所有需求都能如愿以偿时，与新思想斗争并成为一股创造性力量要困难得多。有些斗争或战斗需要障碍，哪怕这种障碍的形式只是一本书的最后期限。

我尝试把其中的这些观点归纳起来，使之与前面的主题更具关联性，并将我们的方法与类似的陈述区分开来，尽管这些陈述在表面上也表达出死亡对有意义生活的重要性。首先我们可以假定每个人都拥有特定的可能性结构，这个结构伴随着我们，是一个由可能的行动组成的分支结构空间，这些行动可以让世界（和我们自己）在适当的行为下呈现出来。因为出生于不同的环境，我们每个人的可能性结构都不尽相同，拥有不同的优势和劣势。因为任何一系列意志行为会导致的结果几乎都无法预测，所以对一个人来说可能的事情，对另一个人来说可能就不存在可能性。在一个人的可能性空间结构中，有很多运气（好的和坏的）。在面对选择（分支点）时，我们所做的决定会自然而然地影响自己的可能性空间，往往会永久性地消除某些可能性，或使它们变得几乎不可能实现。

以音乐为例（这也可以轻而易举地推广至其他选择）。假设你喜欢小提琴和钢琴这两种乐器，你想成为一名演奏家。如果你足够年轻并有天赋，有一个时刻你可以选择成为小提琴演奏家或钢琴演奏家。但我们假设，你不可能同时成为小提琴演奏家和钢琴演奏家（考虑达到这种水平所需的要求，这是一个合情合理的假设）。你选择了小提琴，从而实现自己的可能性结构中的一个分支，但也切断了另一个分支（钢琴演奏家）及其所有后续可能性，或者至少你会极大破坏这个分支，使其开始迅速消失。短时间内，你还有机会改变主意，但随着时间推移，可能性结构随着衰老和死亡这一不可避免的"硬界限"而不断变化。

现在，我们的决定不言自明地会影响这些可能性，但宇宙会追踪这些可能性，它必须追踪，因为这些可能性会导致物理变化：世界必须与我们的决定保持一致，随着我们的决定而改变自己的可能性结构。[29] 这就是本章讨论的平凡而神奇的观点，即我们可以在宇宙的发展过程中扮演建设性的角色。当你在雪地上留下一个脚印，你就在宇宙中留下一个脚印：你可以改变它，脚印越大，对宇宙结构和进化的改变就越大。但是，首先赋予我们的可能性结构是由宇宙强加给我们的限制所决定的：我们受制于宇宙，正如宇宙也受制于我们。

如果人生不短暂，我们根本就不会面临这种选择和可能性修剪的问题。然而，这些选择是有意义的、自由而有价值的人生的根源。人生的意义正源于此。因此，限制（由宇宙以衰变和死亡的形式提供）与可能性之间存在着一种奇妙的相互作用，在这种相互作用中，我们与宇宙共舞，彼此赋予对方有意义的东西。每一份礼物都将自身的意义赠予另一方。这远比塞涅卡对生命短暂的看法更深远。这不仅仅是说，只有我们浪费生命，生命才短暂。本质上，人生就短暂。

　　现在，让我们像衔尾蛇一样以终为始，回到本书开头引用的《易经》关于"限制的必要性"这一颇具神秘色彩的论述。开头引用《易经》论述时，我删除了一些内容，这部分内容如下：

　　《易经》第六十卦：要变得强大，一个人的生活就要接受责任带来的限制，并且是自愿的。只有自我设限，并确定什么是自己的职责，才能获得真正意义上的精神自由。

　　面对选择时，不做选择和决定（即限制：放弃某些选项而选择其他），就丧失行为自由。

在《易经》简短的爻辞中，我们找到了对立统一的解决方案，即"少年（自由）"和"老人（限制）"这一对立面，它们构成我们讨论的关键所在，听起来几乎像是奥威尔[30]式的双重思维：自由即限制。

有了这样的认知，我们可以得出结论，希望能更深刻地理解生命中那些看似障碍的部分——包括看似短暂的生命（以永久的死亡告终）——但实际上对有意义的生活来说至关重要。事实上，尽管人们更常谈论的是"人生的意义"，但在这里，我们关注的是"死亡的意义"，这是一个更重要甚至也更根本的问题。这里的答案是，死亡本身就是生命意义的源泉，它呼唤我们真正地生活，迫使我们思考自己想要什么样的生活，我们是谁，了解自己，并据此在世界中行事，小心翼翼地创造这个世界的未来。

注　释

[1]　一行禅师（Thich Nhat Hanh）：《正念的奇迹》，纽约：兰登书屋，1975年，第12页。

译者注：一行禅师（1926—2022），俗名阮春宝，越南人，是现代著名的学者及和平主义者。主要著作有《故道白云》《佛陀传：全世界影响力最大的佛陀传记》《见佛杀佛》《活得安详》《太阳我的心》等。

［2］ 有趣的是，荣格本人反对将非西方传统引入西方世界。瑜伽等锻炼身体的方式并未被其纳入体系。然而，许多西方人认为这些传统提供了某种救赎，荣格认为这并不可能：这些"拱门"（瑜伽的某种体式）应该在其原生的生活范围内进行。

［3］ 雅各比：《个性化之路》，第19页。

［4］ 大卫·福斯特·华莱士（David Foster Wallace，1962—2008），美国当代作家之一，与乔纳森·弗兰茨并称美国当代文学"双璧"。主要著作有《无尽的玩笑》《系统的笤帚》《苍白帝王》《永远在上》《穿过一条街道的方法》等。

［5］ 福斯特·华莱士无法接受自己早期的作品（尤其是《无尽的玩笑》）是自己最好的作品，因此在46岁时自杀身亡。

［6］ L.霍夫曼：《后反讽：大卫·福斯特·华莱士和戴夫·艾格斯》（*Postirony: The Nonfictional Literature of David Foster Wallace and Dave Eggers*），比勒菲尔德：Transcript Verlag出版社，2016年，第171页。

［7］ 彼得·伯格曼（Peter Bergmann）：《蘑菇告诉泰

人生短暂　活出意义
Life Is Short: An Appropriately Brief Guide to
Making It More Meaningful

伦斯·麦肯纳的 8 件事》，2016 年 4 月 30 日，http://www.
mckennite.com/articles/voice。

　　[8]　塞涅卡：《论生命之短暂》，第 19 节。

　　[9]　史蒂文·温伯格（Steven Weinberg，1933—2021），
美国物理学家，美国国家科学院院士，因提出基于对称性自
发破缺机制的电弱理论获得 1979 年诺贝尔物理学奖。主要
著作有《广义相对论与引力论》《最初三分钟》《终极理论之
梦》等。

　　[10]　史蒂文·温伯格：《最初三分钟：关于宇宙起源的
现代观点》，纽约：基础书籍出版社，1993 年，第 154 页。

　　[11]　巴门尼德（希腊语：Παρμενίδης ὁ Ἐλεάτης，英语
Parmenides of Elea）（约前 515—前 5 世纪中叶以后），古希
腊哲学家，前苏格拉底哲学家中最有代表性的人物之一，爱
利亚学派的实际创始人和主要代表者。主要著作是用韵文写
成的《论自然》。

　　[12]　亚瑟·爱丁顿（Arthur Eddington，1882—1944），
英国天文学家、物理学家、数学家，第一位用英语宣讲相对
论的科学家，自然界密实物体的发光强度极限被命名为"爱
丁顿极限"。主要著作有《物理世界的性质》《恒星和原子》
《恒星内部结构》《基本理论》《科学和未知世界》等。

　　[13]　约翰·惠勒（John Wheeler，1911—2008），美国

物理学家。主要研究领域为量子理论、相对论研究。曾获得爱因斯坦科学奖、原子能委员会恩利克·费米奖、玻尔国际金质奖、沃尔夫奖。主要著作有《科学和艺术中的结构》《宇宙逍遥》《物理学和质朴性：惠勒演讲集》等。

［14］　弗洛伦斯·海利策采访约翰·惠勒，《知识文摘》，1973 年 6 月，第 32 页。

［15］　约翰·惠勒谈到对宇宙存在原因的探索时写道（这是他晚年开展的一项探索）："除非我继续敲坚果……否则我就不是'我'。停下来，我就会变成一个干瘪的老头。继续说下去，我的眼睛里就会闪着光。"见阿曼达·盖芙特：《被弟弟困扰，他彻底改变了物理学》，《鹦鹉螺》(*Nautilus*)，2014 年 1 月 10 日。这是一个"少年"的追求，如果有的话，就像帕西法尔对圣杯的追求一样，它能让一个老人再具生命力。也许并不奇怪，惠勒的宇宙学理论涉及时间的循环（永恒的循环），产生一种不朽，在这种不朽中，每一次死亡都伴随着一次重生——就像荣格所写："杀死自己，让自己复活，让自己受精，生出自己。"（出自《文集》，格哈德·阿德勒和 R.F.C. 赫尔译，第 14 卷，《神秘的连接》，新泽西州普林斯顿：普林斯顿大学出版社，1977 年，第 513 页）

［16］　荣格：《回忆、梦与思考》，第 255–256 页。

［17］　因此，本书对意义的论述与罗伯特·诺齐克

人 生 短 暂　　活 出 意 义

Life Is Short: An Appropriately Brief Guide to

Making It More Meaningful

（Robert Nozick）的《被省察的人生：哲学沉思》（纽约：西蒙与舒斯特出版社，1989 年）等著作中的正统论述形成了鲜明对比。这种论述是基于维克多·弗兰克尔（Victor Frankl）的论述，而弗兰克尔的论述则植根于他在奥斯威辛集中营的经历（见《活出生命的意义》，哈罗德·库什纳译，波士顿：贝肯出版社，1959 年）。在这些论述中，意义来自对日常世界局限性的超越。在这里，我认为意义就在世界之中，是一种内在特征，任何有足够意愿和意识的人都可以获得它。

　　译者注 1：罗伯特·诺齐克（1938—2002），美国哲学家，当代英语国家哲学界的主要人物，对政治哲学、决策论和知识论都做出了重要的贡献。主要著作有《无政府、国家与乌托邦》《知识分子为什么反对市场》《被检验的人生》《苏格拉底的困惑》等。

　　译者注 2：维克多·弗兰克尔（1905—1997），维也纳第三心理治疗学派——意义治疗与存在主义分析的创办人。主要著作有《我们活着的理由》《活出生命的意义》《追求意义的意志》等。

　　[18]　我们或许可以更进一步。如前所述，柏拉图向我们介绍了造物主的特征。从本质上讲，这是一种能够安排宇宙物质的神（尽管地位有些低）。然而，他毕竟是一位神匠，能够雕刻出我们所处的这个井然有序的宇宙。现在，最疯狂

的部分来了：你们也能做到这一点，尽管范围很小，这主要是我们的体质所决定的。你可以按照自己的意愿塑造宇宙。因为我们忘记了我们所拥有的力量，所以这种塑造在很大程度上微不足道：从某种意义上说，我们都是半神。我们都是神圣的工匠，有能力（在与自然法则有关的显著的限制条件下，自然法则也限制了柏拉图的半神）选择我们所希望的宇宙的样子。柏拉图的故事还有一个完全不同的部分，与造物主试图使永恒王国具体化有关，但做得并不完美且还有其他一些事情。详情请阅读卡尔·塞安·奥布莱恩（Carl Séan O'Brien）的《古代思想中的半神》(*The Demiurge in Ancient Thought*，剑桥：剑桥大学出版社，2015 年)。法国哲学家亨利·柏格森（Henri Bergson）也将宇宙视为"造神的机器"（《道德与宗教的两种源头》，R.艾希莉欧瑞译，巴黎圣母院：圣母大学出版社，1977 年，第 317 页）。

［19］ 亚瑟·叔本华：《作为意志和表象的世界》，R. H.霍尔丹和 J.肯普译，伦敦：Trübner & Company 出版社，1886 年。

［20］ 托马斯·曼（Thomas Mann，1875—1955），德国 20 世纪最著名的现实主义作家和人道主义者，曾获得 1929 年诺贝尔文学奖。长篇小说《布登勃洛克一家》被誉为德国资产阶级的"灵魂史"、德国 19 世纪后半期社会发展的艺术

人生短暂　活出意义
Life Is Short: An Appropriately Brief Guide to
Making It More Meaningful

缩影。主要著作还有《魔山》《马里奥与魔术师》《错位》《死于威尼斯》等。

[21] 托马斯·曼:《生命在时间的土壤中生长》，选自广播节目《我相信》。这些文章本是用推特的长度描述伟大思想家的核心信念——我在这里略作了一些简化。

[22] 米歇尔·德·蒙田（Michel de Montaigne，1533—1592），文艺复兴时期法国思想家、作家、怀疑论者。其散文对弗兰西斯·培根、莎士比亚等影响颇大。主要著作有《随笔集》《雷蒙·塞邦赞》《旅游日志》等。

[23] 米歇尔·德·蒙田:《学习哲学就是学习死亡》，见《米歇尔·德·蒙田文集》，纽约:霍顿·米夫林出版公司，1864年，第121–144页。

[24] 格里高利·康洛尔布（Grégoir Canlorbe）:《对话迈克尔·A.伍德利》，《心理学》第1期，2019年，第207–219页。爱德华·达顿（Edward Dutton）、伍德利:《我们的智慧尽头：为什么我们变得越来越不聪明，以及这对未来意味着什么》（*Why We're Becoming Less Intelligent and What It Means for the Future*），埃克塞特:印记学术出版社，2018年。

[25] 感谢哈拉尔德·阿特曼斯帕赫提请我关注到这个例子。

[26] 康洛尔布:《对话迈克尔·A.伍德利》，第219页。

［27］ 同上。

［28］ 罗杰·斯克鲁顿（Roger Scruton）撰写了许多富有启发性的著作，论证后一种情况已经开始发生。参见他的《世界的灵魂》[*Soul of the World*，新泽西州普林斯顿：普林斯顿大学出版社，2014年，或《现代文化》（*Modern Culture*），伦敦：布鲁姆斯伯里出版社，2006年]。

译者注：罗杰·斯克鲁顿（1944—2020），英国哲学家、美学和政治哲学作家，属新右派，主要倡导古典保守主义观点，批判新自由主义。同时斯克鲁顿还是记者、音乐家。主要著作有《保守主义的意义》《性欲》《音乐美学》《如何成为保守主义者》等。

［29］ 事实上，我认为时间流的某些方面完全有可能是这样建立的，即通过我们所参与的不断变化的可能性结构而建立。

［30］ 乔治·奥威尔（George Orwell，1903—1950），英国著名小说家、记者和社会评论家。主要著作有《动物庄园》《一九八四》《巴黎伦敦落魄记》《向加泰罗尼亚致敬》《通往威根码头之路》等。

赋予人生意义的是死亡？

父母在，人生尚有来处；父母不在，人生只有归途。中年危机最大的根源莫过于此——生命的有限性。到这个年纪，早年的选择凸显作用，大多数人的事业开始停滞；孩子踏入青春期，想自己选择人生，你能看到这种选择的后果，却无奈于他的一意孤行；周围开始有人离开，生命的终结让人情绪低落：人生匆匆，太匆匆！

这恰是阅读《人生短暂 活出意义》这本书的最佳时机。《人生短暂 活出意义》是一本探讨关于人生、死亡和生命意义的哲学书籍。作者对不同时期的哲学家、心理学家甚至是物理学家的思想进行分析和解释，探讨了生命的短暂性、死亡的本质以及死亡对人生的意义。

《人生短暂　活出意义》的作者迪恩·里克尔斯，是澳大利亚悉尼大学现代物理学史和哲学教授。有点奇怪是不是？他竟然还是一名物理学家。他之前的著作《深雾覆盖：量子引力的发展》和《弦理论简史》都是标准的物理学著作。所以他写作的《人生短暂　活出意义》，相较于其他哲学书籍，视角更为宽广，论证更为科学，不仅有哲学家对死亡意义的探讨，也有诺贝尔物理学奖得主等物理学家、生物学家等对死亡意义的看法。

在《人生短暂　活出意义》里，迪恩·里克尔斯首先对塞涅卡的《论生命之短暂》进行了详细的解读，分析了他对生命短暂性的见解，将塞涅卡的思想与"时间之困"的概念相结合，并批判了伊壁鸠鲁派关于死亡与我们无关的观点。接着，本书探讨了长生不老、人生的意义、对自我的规划、对生活当下的关注等观点。

迪恩·里克尔斯探讨了我们现在所做的糟糕决策会影响自己的未来，并用类似"现金流量法"的形式分析了为什么有些人明知这种结果，还继续做出糟糕的决策。原因就在于未来的跨度太大，一天后是未来，三十年后也是未来，时间越长，未来的自己相对现在的自己就越陌生，那么现在的自己就会越漠视未来自己的糟糕机遇，只想做出让现在的自己更舒服、更开心的决策。这么分析，是不是让经常恨铁不成钢、被孩子气得乳腺疼的老母亲们豁然开朗？孩子之所以只想嬉戏玩耍，不想苦行僧一般做作业，就在于成年以后的生活对孩子来说太遥远了！他们压根不在乎成年以后过得好不好，不理解老母亲"爱之则为之计深远"的苦心。

迪恩·里克尔斯在本书中，对生命短暂如何赋予人生意义进行了深入分析。他认为，生命的短暂性赋予了人生价值和尊严，同时也带来了时间和创造力。没有短暂性，就没有时间，也就没有生命的真正意义，如果时间无限，你可以把所有可能性都一一尝试一遍，仿佛仙侠传说里拥有无限生命的神仙，不需要选择，无法体会不得已做出选择时的那种被迫性，那生命又有什么意义呢？是否只剩下无尽的空虚？正因为生命有限，我们才应该珍惜生命，充分利用有限的时间来追求自己的梦想和目标。生命有限促使我们思考自己的存在和目的，并为我们提供了一种成长和转化的机会。

总的来说，《人生短暂 活出意义》是一本引人深思的书籍，它帮助我们重新审视生命的意义和价值，鼓励我们珍惜每一天，充分利用有限的时间去追求自己的梦想和目标。它也让我们理解周围的人的异见，更好地求同存异。

顺便说一下，迪恩·里克尔斯在本书中引用了众多哲学大家的观点，除了介绍基本的人物生平、主要著作外，甚至还有不少"八卦"，译者都完整保留下来，供您在茶余饭后阅读时会心一笑。希望你们喜欢！